Bergmann / Klaus

Spuren und Zeichen der Vögel Mitteleuropas

Hans-Heiner Bergmann
Siegfried Klaus

Spuren und Zeichen der Vögel Mitteleuropas

Entdecken – Lesen – Zuordnen

AULA-Verlag Wiebelsheim

Prof. Dr. Hans-Heiner Bergmann
Landstr. 44
D-34454 Bad Arolsen

Dr. Siegfried Klaus
Lindenhöhe 5
D-07749 Jena

Die Angaben in diesem Buch sind von Autoren und Verlag sorgfältig erwogen und geprüft, dennoch kann keine Garantie übernommen werden. Eine Haftung der Autoren und des Verlags und seiner Beauftragten für Personen-, Sach- und Vermögensschäden ist ausgeschlossen.

Bibliografische Information der Deutschen Nationalbibliothek
Die Deutsche Nationalbibliothek verzeichnet diese Publikation in der Deutschen Nationalbibliografie; detaillierte bibliografische Daten sind im Internet über http://dnb.d-nb.de abrufbar.

Umschlagabbildungen: H.-H. Bergmann, S. Klaus
Druck und Verarbeitung: TZ-Verlag & Print GmbH
Printed in Germany/Imprimé en Allemagne
ISBN 978-3-89104-791-0

Inhaltsverzeichnis

Vorwort ... 7
Was wir wollen – Ziele, Grenzen, Methoden ... 8
Spuren und Zeichen der Vögel ... 10
Spuren und Zeichen: Definition und Vielfalt ... 14
Spuren und Zeichen: Wie entstehen sie? ... 16
Spuren und Zeichen der Vögel im Jahresverlauf ... 26

Artenteil
- Entenverwandte – Anatidae ... 26
- Glattfußhühner – Phasianinae ... 47
- Raufußhühner – Tetraoninae ... 55
- Lappentaucher – Podicipedidae ... 73
- Seetaucher – Gaviidae ... 74
- Basstölpel – Sulidae ... 75
- Kormorane – Phalacrocoracidae ... 76
- Reiher – Ardeidae ... 78
- Störche – Ciconiidae ... 81
- Fischadler – Pandionidae ... 83
- Habichtverwandte – Accipitridae ... 84
- Falken – Falconidae ... 101
- Kraniche – Gruidae ... 105
- Rallen – Rallidae ... 107
- Trappen – Otididae ... 108
- **Regenpfeiferverwandte – Charadriiformes** ... 110
- Austernfischer – Haematopodidae ... 111
- Säbelschnäblerverwandte – Recurvirostridae ... 113
- Regenpfeifer und Verwandte – Charadriidae ... 113
- Schnepfenverwandte – Scolopacidae ... 114
- Möwen – Laridae ... 119
- Seeschwalben – Sternidae ... 125

Tauben – Columbidae ... 126
Papageien – Psittacidae ... 129
Schleiereulen – Tytonidae ... 131
Eulen – Strigidae ... 132
Ziegenmelker – Caprimulgidae ... 144
Segler – Apodidae ... 145
Eisvögel – Alcedinidae ... 146
Bienenfresser – Meropidae ... 147
Wiedehopfe – Upupidae ... 149
Spechte – Picidae ... 150
Singvögel – Passeriformes ... 177
Würger – Laniidae ... 177
Rabenvögel – Corvidae ... 180
Lerchen – Alaudidae ... 194
Schwalben – Hirundinidae ... 196
Schwanzmeisen – Aegithalidae ... 200
Seidenschwänze – Bombycillidae ... 201
Meisen – Paridae ... 202
Kleiber – Sittidae ... 205
Wasseramseln – Cinclidae ... 206
Drosseln – Turdidae ... 207
Sperlinge – Passeridae ... 215
Pieper und Stelzen – Motacillidae ... 217
Finken – Fringillidae ... 217
Ammern – Emberizidae ... 228

Der gläserne Vogeltod ... 229
Spuren in ihren Lebensräumen ... 231
Horste von Großvögeln ... 265
Fachbegriffe ... 272
Literaturverzeichnis ... 278
Dank ... 280
Bildquellennachweis ... 281
Register ... 283

Was wir wollen – Ziele, Grenzen, Methoden

Dieses Buch ist als Feldführer angelegt. Ausgehend von einer Vogelgruppe oder der einzelnen Vogelart kann man mit Hilfe der Abbildungen und Texte die zugehörigen Spuren und Zeichen so kennen lernen, dass man sie draußen wiedererkennt. Umgekehrt kann man die draußen beobachteten Phänomene hier nachschlagen. Ein Beispiel: Sie finden einen bearbeiteten Fichtenzapfen im Wald. Anhand des alphabetischen Registers stellen Sie fest, dass sowohl der Buntspecht als auch der Fichtenkreuzschnabel Zapfen bearbeiten, um aus ihnen die Samen zu gewinnen. Die Unterschiede in der Bearbeitung können Sie bei beiden Arten nachsehen. Dass auch Eichhörnchen und viele andere Tiere mit den Fichtenzapfen umgehen, wird am Rande erwähnt.

Fußabdrücke und viele andere hier interessierende Spuren im Schlamm, im feinen Sand und im Schnee kann man in Gestalt von Fotos, Zeichnungen oder Abgüssen darstellen. Wir bedienen uns hier aller drei Methoden. Immer ist uns jedoch auch daran gelegen, die Spuren und Zeichen der Vögel nicht nur zu beschreiben und zuzuordnen, sondern auch ihre Entstehung zu dokumentieren und verständlich zu machen. Welches Verhalten des Vogels führt

In der Spechtschmiede wird der Kiefernzapfen durch den Specht eingeklemmt und bearbeitet.

Fußabdrücke und Stocherspur des Schnabels vom Austernfischer im Sandwatt

Gewölle am Ruheplatz der Sumpfohreule

Winterlosung des Birkhuhns, ehemals in einer Schneehöhle hinterlassen

zu dieser Hinterlassenschaft? Dazu fotografische Belege zu liefern, gelingt aus naheliegenden Gründen nicht leicht: Eine Spechthöhle kann in einem jahrelangen Zeitraum und aus der Nähe fotografiert werden. Hingegen ist

Männlicher Dreizehenspecht an der Höhle in toter Tanne

der Specht selbst beim Höhlenbau nur für kurze Zeit und mit viel Glück und Geduld beobachtbar, und das auch nur aus der Entfernung oder aus einem Versteck heraus.

Die Vogelgruppen sind in diesem Buch nach gängigen systematischen Gesichtspunkten (Barthel & Helbig 2005) angeordnet. Für manche Vogelgruppen findet man zusätzlich vergleichende Tafeln, z. B. für Spechte, deren typische Bruthöhlen der einzelnen Arten maßstabsgetreu dargestellt sind. Bei den Eulen gilt Ähnliches für die Gewölle. Bestimmte Hinterlassenschaften von Vögeln wie Nester, Eier, Knochen und Federn sind in anderen Büchern ausgiebig dargestellt worden. Sie werden daher in diesem Buch nur beispielhaft berücksichtigt. Hierzu sei auf die im Anhang (S. 278) aufgeführte Literatur verwiesen. Viele Vogelarten und -gruppen Mitteleuropas treten in diesem Buch gar nicht auf, z. B. Rohrsänger und Grasmücken. Das liegt daran, dass sie keine für uns verwendbaren Hinterlassenschaften liefern. Abgesehen von Nestern, die hier nicht behandelt werden sollen, werden sich Kot oder Speiballen von ihnen kaum finden oder gar bestimmen lassen.

Man muss sich bewusst machen, dass die Spuren und Zeichen der Vögel in Mitteleuropa außerordentlich vielfältig sind und hier keineswegs erschöpfend behandelt werden können. Was wir wollen, ist Aufmerksamkeit für diese Naturphänomene und Verständnis für ihre Zusammenhänge zu erzeugen. Wenn man die Natur verstanden hat, wird man sie auch schätzen und schützen können.

Spuren und Zeichen der Vögel

Vögel sind flüchtige Wesen, die sich oft der Beobachtung entziehen. Aber dort, wo sie sich aufgehalten haben, kann man nachher in vielen Fällen ihre Spuren und andere Hinterlassenschaften finden. Anhand solcher Funde lernt man Eigenschaften der Vögel kennen, die sich sonst gar nicht leicht erschließen lassen. Ein besonderer Wert liegt außerdem darin, scheue, versteckt lebende Arten anhand der Spuren indirekt nachweisen zu können (S. 23).

Wenn man die Spuren und Zeichen der Vögel sorgfältig zur Kenntnis nimmt und registriert, vermag man sich Zugang zu einer ganzen Anzahl von Wissensgebieten zu verschaffen, vor allem zur Ökologie und Verhaltensbiologie, insbesondere:

- Nahrungswahl, Nahrungsbearbeitung, Nahrungsspeicherung;
- zugehörige Verhaltensleistungen bis hin zum Werkzeuggebrauch;
- Raumnutzung, Schwerpunkte des Aufenthalts, Ruhe- und Schlafplatzwahl;
- Nutzung von Ressourcen und Requisiten;
- Anpassungen von Organen und Verhaltensweisen;
- Populationsdichte und -größe sowie ihre Veränderungen in der Zeit.

Naturvölker haben seit eh und je Vogel- und andere Tierspuren gesucht und gedeutet. Was bei ihnen für das Überleben wichtig war, kann heute das Erlebnis der Vogelbeobachtung bereichern. Das vorliegende Buch möchte den Weg in diese Form der Vogelkunde ebnen und die Aufmerksamkeit auf Naturerscheinungen lenken, die vielleicht bisher übersehen oder nicht beachtet wurden – die aber trotzdem einen spannenden Zugang zum Verständnis der Vogelwelt öffnen. Allgemein gehaltene Spurenbücher gibt es in großer Zahl. Oft sind sie für den Jäger gemacht und enthalten an erster Stelle Fußabdrücke und Laufspuren von Säugetieren. Die Zeichen, die Vögel hinterlassen, werden dort eher nebenbei behandelt.

Dabei sind bei Vögeln so viele sonstige Spuren und Hinterlassenschaften zu finden, dass es sich lohnt, ihnen ein eigenes Buch zu widmen. Wir wollen die Begriffe Spuren und Zeichen ziemlich weit fassen. Laufspuren im Sand oder Schnee stellen da nur einen Teil dar, und von einem Specht oder einer Eule wird man solche Fußabdrücke überdies nur selten finden. Spechte aber hinterlassen dafür eine Vielzahl anderer Spuren: Abnutzungsspuren an Höhlen durch ihre

Diese Limikolenspur im verschneiten Wald stammt von einer Waldschnepfe.

Krallen, gemeißelte Höhlen für Brut oder Übernachtung, ringförmig angeordnete Lochreihen (Ringelspuren) an Bäumen zur Baumsaftgewinnung, Spechtschmieden an Bäumen und darin enthaltene Nahrungsreste oder Hackspuren an Bäumen, am Boden oder an Ameisenhaufen.

Dreizehenspechte legen ringförmige Lochreihen an Zirbelkiefern an, aus denen sie Baumsaft gewinnen.

Für derartige Spuren und Hinterlassenschaften der Vögel soll in diesem Buch eine Übersicht geschaffen werden.

Wenn wir dabei von der einzelnen Vogelart oder -gruppe ausgehen, hat das den Vorteil, dass man auf Artniveau Zusammenhänge zwischen der Gestalt des Vogels, seinem Verhalten und der entstehenden Spur herstellen kann. Bei einer Ente kann man die Gestaltung des Fußes darstellen, die entstehende einzelne Fußspur im Schlamm, danach die Laufspur als Folge der Fortbewegung zu Fuß, die Nahrungssuche mit den dabei entstehenden Spuren des Seihens oder Weidens und schließlich den Kot, den der Vogel hinterlässt (Abb. S. 43). Beim Austernfischer kann man den Zusammenhang zwischen Lebensraum und Beuterest mit einer Bildserie verständlich machen (S. 12)

Manche Fragen bleiben offen

Soweit es sich um Fußabdrücke handelt, kann man wohl meist leicht entscheiden, ob sie wirklich von Vögeln stammen oder von anderen Tieren. Fußabdrücke der Vögel in Schnee, Sand oder Schlamm sind meist nicht leicht bis zur Art zu bestimmen (s. S. 65). Auch manche anderen Spuren oder Hinter-

Im offenen Watt kann der Austernfischer Nahrung suchen.

Die Laufspur eines Austernfischers führt über die Rippelmarken im Sandwatt.

Der Austernfischer stochert im Wattboden.

Zurück bleiben Laufspur und Stocherspur.

Der Vogel hat eine Herzmuschel geöffnet und ihren Inhalt gefressen.

lassenschaften bedürfen einer genauen Betrachtung oder ermöglichen eine Zuordnung erst mit Hilfe zusätzlicher Funde und Beobachtungen. Zusatzfunde wie Federn, Kot und anderes können oftmals einen Fußabdruck oder eine Sandbadekuhle erklären helfen.

Ein weiteres Beispiel: Eine halbierte und leer gefressene Hasel- oder Walnuss kann von einem Rabenvogel, einem Specht oder vielleicht auch von einem Eichhörnchen, einem Bilch oder einer Waldmaus genutzt worden sein. In manchen Fällen gibt es Erstnutzer, die ein Objekt zugänglich machen und

Fußabdrücke eines Sanderlings; das Stück einer Miesmuschel lässt eine Einschätzung über die Größe der Spur zu.

danach weitere Nutzer, die die Reste verwenden. Eine Meise kann die Nussschale aus der Spechtschmiede übernehmen und die verbliebenen Nahrungsreste daraus gewinnen. In dieser Hinsicht muss man immer seinen Blick dafür offenhalten, ob man mit diesem Buch bei einem bestimmten Objekt auf der richtigen Spur ist oder vielleicht eine ganz andere oder eine indirekte Verursachung suchen muss. An einem feinsandigen Strand können Spuren von Krabben, Käfern, Eidechsen, Schildkröten, Vögeln und Säugetieren entstehen. Wegen der Vielfalt der Erscheinungen belassen wir es hier bei einer illustrierten Übersicht über die von Vögeln verursachten Spuren und Zeichen, soweit sie häufig und für jedermann zugänglich sind.

Spuren und Zeichen: Definition und Vielfalt

Unter Spuren und Zeichen verstehen wir alles, was Vögel bei der Fortbewegung, beim Ruhen, beim Nahrungserwerb und der Nahrungsbearbeitung, bei Balz, Nestbau oder als Ausscheidung hinterlassen. Als Überbegriff verwenden wir daher auch den Begriff Hinterlassenschaften. Siehe hierzu auch die Zusammenstellung von Fachbegriffen (s. S. 272 ff.).

Am besten hebt sich die Fußspur der Amsel ab, wenn dünner Schnee auf feuchten Boden gefallen ist.

Spuren im engeren Sinn

Spuren im engeren Sinn sind:

- Abdrücke von Füßen, Flügeln und Schnäbeln in Sand, Schlamm oder Schnee;
- Abdrücke nasser Füße auf trockenem Untergrund;
- Körperabdrücke in Kuhlen beim Staubbad oder im Schnee;
- Abdrücke an Glasscheiben von angeflogenen Vögeln;

Spuren in diesem Sinn sind im Allgemeinen rasch vergänglich.

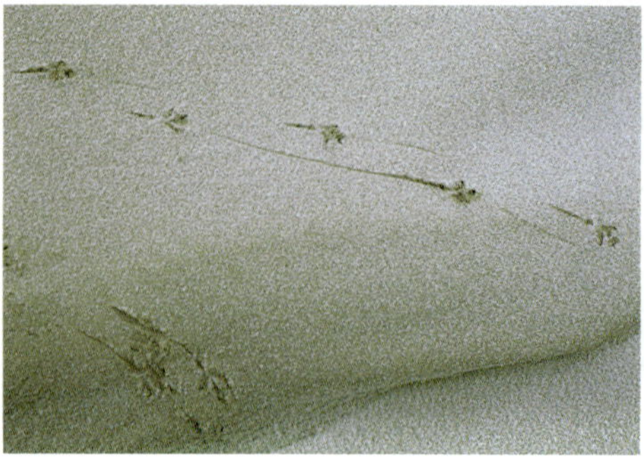

Laufspuren überwinternder Ohrenlerchen auf einer Vordüne an der Nordseeküste. In dem Gemisch von Flugsand und feinem Schnee heben sich die Spuren klar ab.

Zeichen, weitere Hinterlassenschaften

Hierzu gehören die bei Nahrungserwerb und -bearbeitung entstehenden Hinterlassenschaften: Rupfplätze, Nahrungsreste aller Art, Schalen von Schalentieren, Früchten und Samen, Abbiss-Spuren. Außerdem die bei Nest- und Höhlenbau entstehenden Gebilde: Nisthöhlen, Nester, Schneehöhlen. Weiterhin sind es auch Ausscheidungen wie Kot, Speiballen und Gewölle.

Die Ringeltaube hat nachts die Tür des Pkws mit ihrem Kot verziert.

Diese Hinterlassenschaften sind im Allgemeinen weniger rasch vergänglich als die oben beschriebenen Spuren. Wie oben schon begründet, werden zwar Knochenreste (Schädel) und Federn hier nicht behandelt (siehe Brown u.a. 2005), wohl aber Beispiele für die verschiedenen Formen und Fundstellen von Rupfungen, die die habichtartigen Greifvögel, Falken und Eulen hinterlassen, wenn sie einen Vogel erbeutet und gerupft haben. Vogelnester mit Ausnahme der Höhlen der Spechte werden nur beispielhaft dargestellt (siehe dazu Harrison & Castell 2004).

Spuren und Zeichen: Wie entstehen sie?

Viele Spuren und Zeichen entstehen als „Abfallprodukte" beim normalen Verhalten des Vogels. Im weichen Schlamm kann ein stehender, laufender oder hüpfender Vogel nicht umhin, Fußabdrücke zu erzeugen. Wenn der Specht einen Zapfen bearbeitet, entnimmt er daraus die Samen und hinterlässt den geleerten Zapfen. Ein Sperber lässt die Rupfung zurück, wenn er den geschlagenen Vogel verzehrt hat. Kot und Gewölle sind ebenfalls Abfallprodukte des Nahrungserwerbs. Dagegen werden Baumhöhlen von Spechten, Schneehöhlen von Hühnervögeln und Huderpfannen (Staubbadeplätze) von verschiedenen Vögeln gezielt angelegt, um sie zu nutzen. In den folgenden Abschnitten werden allgemein die Bedingungen beschrieben, unter denen Hinterlassenschaften der Vögel entstehen, und die Verhaltensweisen, die zu ihrer Entstehung führen.

Fußspuren

Es gibt eine ganze Reihe von Möglichkeiten für die Entstehung von Fußspuren der Vögel. Grundvoraussetzung ist ein Untergrund, der feinkörnig, plastisch und stabil genug ist, um den Vogelfuß abzubilden, der daraufgesetzt wird:

1. Schlamm, beispielsweise in einer austrocknenden Pfütze im Wald oder Schlick bei Niedrigwasser im Watt;
2. Sand in Dünen oder am offenen Strand;
3. feinkörniger Schnee; günstig ist eine dünne Schneeschicht auf dunklem, nassem Untergrund. Im Winter können sich treibender Schnee und Sand auch vermischen;
4. ein nasser Vogelfuß hinterlässt auf glattem trockenen Untergrund Fußspuren, die aber rasch verschwinden.

Unter günstigen Bedingungen kann man an dem Fußabdruck die Krallen und die Zehen mit ihrer Feinstruktur aus Horn entdecken. Doch so schnell eine solche Spur sich bildet, so schnell kann sie auch wieder verschwunden sein. Ihre Haltbarkeit richtet sich zuerst nach der Art des Untergrundes und den herrschenden Bedingungen. In feinem, trockenem und relativ tiefem Sand können Fußspuren von Vögeln rasch ihre Struktur verlieren, besonders wenn noch Wind weht, der den Sand oberflächlich bewegt. Ähnliches gilt für Pulverschnee. In tauendem Schnee werden die Zehenabdrücke breiter und bald unkenntlich. Im Sand- oder Schlickwatt an der Küste werden alle zarteren Spuren der Vögel zweimal täglich durch das bei Ebbe und Flut darüber laufende Meerwasser ausgelöscht. In einer austrocknenden Schlammschicht dagegen kann sich ein Fußabdruck mit allen Feinheiten längere Zeit erhalten, ja, sie kann sogar fossil werden.

Eine Fußspur wird sich umso besser halten, je schwerer und größer der Vogel ist und je besser die Plastizität des Untergrunds dazu passt. Ein abfliegender Vogel, der sich abstößt, hinterlässt einen tieferen Eindruck seiner Zehen als ein Vogel, der nur leicht darüber hinläuft. Von den Zehen eines Kleinvogels oder eines kleinen Watvogels sieht man in feinem, nicht zu weichem Untergrund eventuell nur die Krallenabdrücke. Das gilt auch für eine Krähe, die über harten feuchten Sandboden am Strand läuft.

Laufspuren: Lerchen, manche Ammern und Krähen sowie Hühnervögel, Entenverwandte und viele andere Vögel laufen regelrecht, das heißt, sie setzen einen Fuß vor den anderen (Abb. S. 12 r.o.). Seltener hüpfen sie und hinterlassen dann Fußabdruckpaare. Vögel, die weniger an das Bodenleben angepasst sind, hüpfen nur. Amseln können sowohl laufen als auch hüpfen. Bei Fußspuren sollte man immer auf die Anordnung der einzelnen Fußabdrücke achten. Die Fußabdrücke beim Abflug sind oft paarweise angeordnet, nicht jedoch bei Vögeln, die mit Anlauf abfliegen.

Unter günstigen Bedingungen kann man aufschlussreiche **Spurenkombinationen** entdecken. Im Sand am Strand oder im Watt kann man nachvollziehen, wo und wie ein Brachvogel oder ein Austernfischer ein Schalentier oder einen Wurm aus dem Sand gezogen hat: Man sieht die Stocherspur des Schnabels, dabei auch die tiefen Fußeindrücke des sich dabei anstrengenden Vogels. Die Fußspur einer Ringeltaube kann man mit der Spur eines anderen mittelgroßen Vogels verwechseln, beispielsweise mit derjenigen einer überwinternden Waldschnepfe. Wenn aber Stocherspuren oder Kot dabei liegen, ist eine Bestimmung leichter und sicherer. Auch begleitende Federfunde sind immer eine Hilfe, wenn man sie bestimmen kann. Hühnervögel hinterlassen bei der Nahrungssuche am Boden meist eine kurvenreiche Spur, die von einer Nahrungspflanze zur anderen führt.

Huderpfanne im Sand. Die zurückgebliebenen Federn zeigen: Hier war ein Fasan.

Hack-, Kratz-, Stocher- und Seihspuren des Schnabels

Vogelschnäbel sind spezialisierte Instrumente, die dem Vogel in fast jeder Hinsicht die fehlende Hand ersetzen müssen. Sie werden vor allem bei der Beschaffung und Bearbeitung der Nahrung eingesetzt, wobei vielerlei Spuren entstehen können. Vögel, die im weichen Untergrund nach Nahrung stochern, hinterlassen Löcher, die manchmal in Reihen oder anderen Mustern angeordnet sind. Das ist besonders bei Watvögeln auffällig. Wenn der Schnabel beim Einstechen in den Boden geöffnet ist, sieht man manchmal sogar die Doppelspur von Ober- und Unterschnabel. Unspezifische Kratzspuren des Schnabels entstehen sowohl bei einer Drossel, die eine Frucht frisst, als auch bei einem Hühnervogel, der im Sandbad den Untergrund lockert. Aufschlussreiche Schnabelspuren können an Nahrungsresten wie Früchten aller Art, besonders an hartschaligen Nüssen oder Muscheln, Schnecken und sonstigen Schalentieren entstehen, ebenso an bearbeiteten Zapfen von Nadelbäumen. Oftmals bleiben als Hinweis auf die Nahrungsaufnahme des Vogels auch nur die Stiele oder Teile von Blättern, Nadeln, Blüten oder Früchten zurück. Spechte erzeugen an der Borke und im Holz der Bäume die verschiedenartigsten Schnabel- und Kletterspuren (s. S. 151 ff.).

Stocherspuren eines Sanderlings: Erkennbar sind die Einstiche von Ober- und Unterschnabel.

Sonstige Hinterlassenschaften

Vogelkot enthält meist Anteile der weißen Harnsäure. Um ihr Körpergewicht nicht unnötig zu belasten, stellen Vögel aus Abbauprodukten der Proteine eigens Harnsäure her, die wasserunlöslich ist und meist als kristalline Paste abgegeben wird. Je nach Ernährung ist der Anteil der Harnsäure unterschiedlich. Bei Pflanzen fressenden Vögeln ist er oft nur als eine Kappe auf einer Seite der geformten Kotwurst vertreten, bei Fleisch fressenden Vögeln wie Reihern, vielen Seevögeln, Kormoranen, Greifvögeln, Falken und Eulen besteht der Kot weitgehend aus Harnsäure, die auch noch in ziemlich flüssiger Form abgegeben wird. Gewölle oder Speiballen werden keineswegs nur von Greifvögeln und anderen Beutegreifern unter den Vögeln erzeugt, sondern auch von vielen Insektenfressern, die sich des unverdaulichen Chitins entledigen, um es nicht durch den Darm passieren lassen zu müssen.

Wie findet, untersucht und konserviert man Spuren und Zeichen?

In den allermeisten Fällen begegnet man den Spuren und Zeichen der Vögel zufällig. Dann stellt sich die Frage, welcher Vogelgruppe oder Vogelart der Fund zuzuordnen ist. Oft begegnet man zuerst einer Spur oder einer anderen Hinterlassenschaft und sucht dann nach dem Verursacher. Dabei muss man besonders bei empfindlichen Arten Störungen vermeiden.

Wenn man Spuren und Zeichen bestimmter Vögel gezielt suchen will, muss man den richtigen Lebensraum kennen und aufsuchen. Den Fußabdruck eines Schwarzstorchs wird man am ehesten im Sand oder Schlamm am Bachufer finden, wo der Vogel Nahrung sucht. Informationen über die Lebensräume der einzelnen Arten findet man in den Artkapiteln dieses Buches.

Will man die Anwesenheit eines Vogels aus Spuren und Zeichen nachweisen, muss man unter Umständen viele verschiedene Aspekte beachten. Bei den Raufußhühnern muss man außer nach Kot und Federn auch nach Fuß- und Flügelabdrücken in Schnee, Sand oder Schlamm suchen, nach Sandbadeplätzen, nach den durch Kot markierten Schlafplätzen, auch nach Fraßspuren. Ein anderer Fall: Ein mittelgroßer unscheinbarer Vogel flüchtet im dichten Gehölz und kann nach Gehör und Gesicht nicht sicher bestimmt werden – infrage kommen Haselhuhn, Waldschnepfe, eine Taube, Tannen- oder Eichelhäher. Hier kann der Fund von Kot, Spuren, Sandbad und anderen Details die Artbestimmung sichern helfen.

Spurensicherung und Belege

Gewisse Hinterlassenschaften von Vögeln kann man ohne Weiteres aufsammeln und – unter Umständen in geeigneten Behältnissen – auch als Nachweise mit nach Hause nehmen. Hierzu gehören Kot, z. B. von Hühnervögeln, Gewölle und Speiballen, bearbeitete Zapfen von Nadelbäumen, Nussschalen, sonstige hölzerne Fraß- und Bearbeitungsreste und Schalen von Muscheln, um einige typische Beispiele zu nennen. Solche Objekte zeichnen sich dadurch aus, dass sie transportabel und getrocknet meist haltbar sind. Wenn man Gewölle länger aufheben will, muss man auf Motten und andere Schädlinge achten. Man erfreut sich bei solchen Objekten auch noch eines weite-

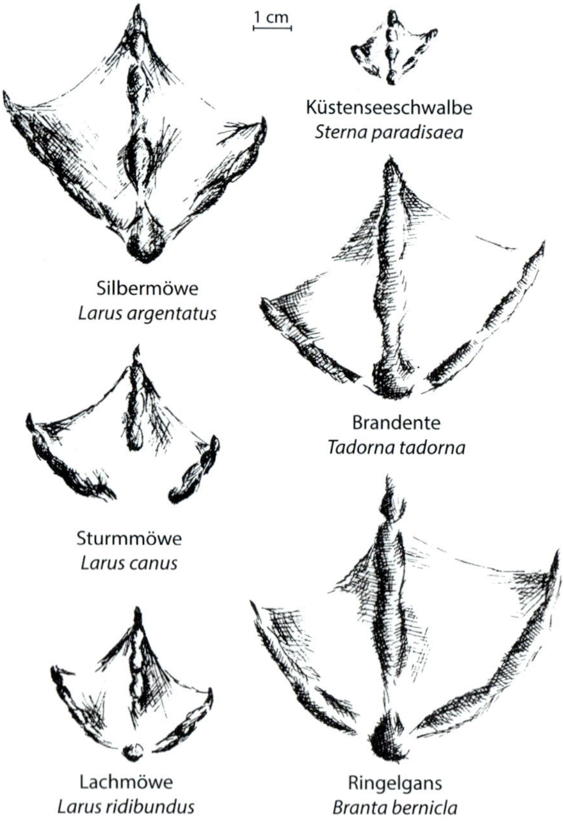

Gezeichnete Fußabdrücke von Vögeln mit Schwimmhäuten aus dem Wattenmeer (aus G. Eichholz u. a. 1988).

ren Vorteils. Anders als bei Vogelfedern ist es nicht verboten, sie in Besitz zu nehmen – außer in manchen Gebieten wie Nationalparks und Naturschutzgebieten, wo man keinerlei Objekt aus der Natur entnehmen darf.

Eine große Zahl anderer Hinterlassenschaften von Vögeln ist im Original einfach nicht transportabel. Den Fußabdruck eines Vogels im Watt, die Huderpfanne eines Hühnervogels und den weißen Kotfleck einer Möwe auf dem Deich kann man nicht einfach mitnehmen. In fast allen diesen Fällen bietet es sich an, den Fund abzubilden. Wer nicht in ein Notizbuch zeichnen will, wird einen Fotoapparat oder ein fotofähiges Smartphone (Handy) verwenden. Mit solchen Geräten neuer Bauart kann man unter nahezu allen Bedingungen brauchbare Abbildungen herstellen. Bei dokumentarischen Fotos ist es nützlich, einen Maßstab oder ein bekanntes Vergleichsobjekt (Münze) mit darzustellen.

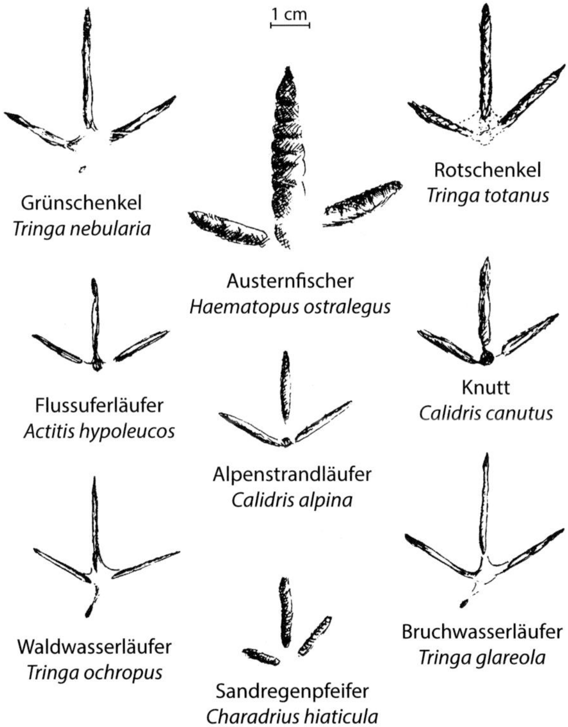

Gezeichnete Fußabdrücke von Watvögeln, die im Wattenmeer rasten oder brüten (aus G. Eichholz u. a. 1988).

Abgießen von Fußspuren

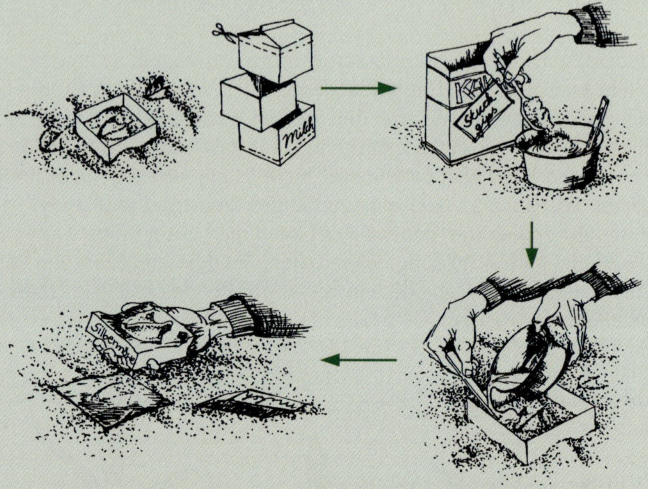

Abbildungen aus G. Eichholz u. a. 1988

Eine gut ausgeprägte Spur wird mit einer Schablone aus Brettchen oder wasserabstoßendem Karton (Milchpackung) abgegrenzt. In einem Gefäß wird mit Süß- oder Meerwasser eine dicke Milch aus Stuckgips angerührt, die sich schnell verfestigt, wenn man nicht weiter rührt. Diesen Brei gießt man nun vorsichtig in die vorbereitete Schablone, am besten von einer Ecke aus über ein Rührstäbchen. Die Schicht soll eine Dicke bis zu zwei Zentimetern erreichen. Schon nach 15 bis 30 Minuten kann der Abguss vorsichtig aufgenommen, gereinigt und begutachtet werden. Er benötigt danach noch mehrere Tage zum endgültigen Aushärten. Das soll nicht in der Sonne geschehen, sonst entstehen Risse. Man erhält einen seitenverkehrten Negativabguss der Spur in Originalgröße.

Der Abdruck des Fußes eines weiblichen Birkhuhns in plastischem Kunststoff lässt alle Einzelheiten erkennen. Präparat von Dr. F. Müller

Hat man den kompletten Fuß eines Vogels zur Verfügung, kann man ihn in eine plastische Masse wie Plastilin hineindrücken und dadurch selbst einen stabilen und transportablen Fußabdruck herstellen. Das gilt auch für tot gefundene Vögel, die man nicht in Besitz nehmen darf.

Die Anwendung: Wozu ist es nützlich, Spuren und Zeichen der Vögel zu kennen?

In einem Kinderbuch (Holzwarth & Erlbruch, 30. Aufl. 2004) will ein kleiner Maulwurf gern wissen, wer ihm auf den Kopf gemacht hat. Von der Taube bis zum Schwein muss er verschiedene Tiere fragen, ob sie es gewesen sind. Schließlich verraten es ihm zwei Fliegen: Es war der Hund. Der Maulwurf hätte sich das viele Fragen sparen können, hätte er die Hinterlassenschaften der Tiere gekannt.

Was nützt es, Abdrücke und andere Hinterlassenschaften von Vögeln zu erkennen? Oft sind die Vögel schon fort, wenn ein Naturfreund an einen bestimmten Ort gelangt. Wenn er aber erkennbare Spuren des Vogels entdeckt, dann weiß er, dass der Vogel da war und vielleicht auch noch in der Nähe ist. Mit ein wenig Neugier, Beobachtungsgabe und Erfahrung kann er auch beurteilen, was der Vogel hier getan hat oder gar wie lange er sich am Ort aufgehalten hat.

Ein wichtiges weiteres Ziel der Beschäftigung mit solchen Spuren und Hinterlassenschaften der Vögel besteht in faunistischen Nachweisen. Man kann mit Hilfe einer Fußspur, einer Rupfung, eines Gewölles oder anderer derartiger Zeichen einen zwar indirekten, aber sicheren Beleg dafür liefern, dass eine bestimmte Vogelart an einem bestimmten Ort und in einem Zeitraum da gewesen ist. Daraus ergeben sich auch Daten für die Erfassung der Biodiversität, der Vielfalt der in einem Lebensraum vorkommenden Arten.

Seltener Anblick: ein weibliches Haselhuhn beim Sandbad

Spurenkombination: Ein Haselhuhn hat im Schnee gepickt und Fußspuren sowie Losung hinterlassen.

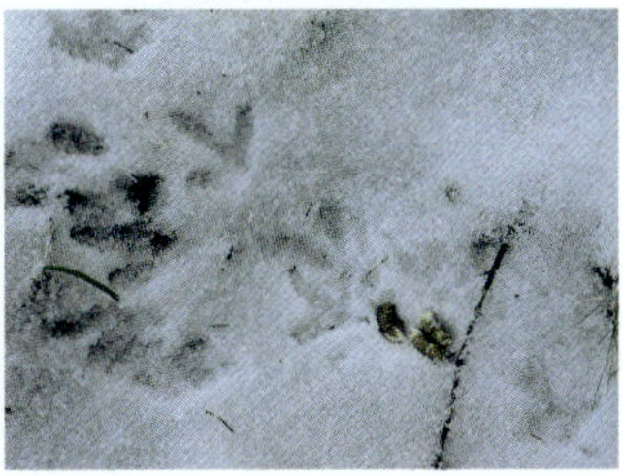

Die Nutzung von Spuren und Zeichen hat sich besonders beim Studium von Raufußhühnern seit langem bewährt. So sind Funde von Fußabdrücken in Feinsand, Schlamm und Schnee, von Losung, Federn, Staubbadestellen, Nächtigungs-, Ruhe- und Nistplätzen bei diesen sesshaften Vögeln nicht nur als Nachweise von Wert. Spezielle Methoden, die allein auf der Auswertung indirekter Nachweise basieren, erlauben besonders bei den bedrohten mitteleuropäischen Raufußhuhnpopulationen wertvolle Aussagen zu ökologischen und verhaltenskundlichen Fragen. Besonders in stark erschlossenen, touristisch belasteten Gebieten haben sich Raufußhühner zu Meistern im Verstecken entwickelt, so dass die Nutzung aller indirekten Hinweise auch eine zeit- und kostensparende Methode darstellt, ein Vorkommen zu erkunden. Federn und Kotproben erlauben es bei der Analyse mit modernen molekulargenetischen Methoden sogar, Populationsgrößen, genetische Variabilität bzw. genetischen Austausch zwischen Teilpopulationen zu ermitteln.

Umgekehrt findet man oft Spuren des Nahrungserwerbs und möchte wissen, wer sie verursacht. Wenn Fraßschäden durch Vögel oder andere Tiere in der Landwirtschaft entstehen und man den Verursacher herausfinden möchte, kann es nützlich sein, die Fraßspuren, Fußspuren, Kot und andere Nahrungsreste einer Tierart zuzuordnen. Viele Tiere fressen im Winter Rapsblätter, zum Beispiel Schwäne, Gänse und Tauben (daneben auch Rehe, Biber und Hasen). Es ist wichtig, das wenigstens bei den Vogelarten mittels Kot, Fußspuren und Bissspuren zu unterscheiden.

Wer war der Verursacher? Links die ausgerupfte Schwanzfeder eines jungen Singschwans, rechts die vom Fuchs abgebissene Schwanzfeder eines alten Singschwans.

Spuren und Zeichen der Vögel im Jahresverlauf

Eine große Zahl von Spuren und Zeichen der Vögel findet man das ganze Jahr über in gleicher Weise. Die Gewölle von Greifvögeln, Falken und Eulen ändern sich über das Jahr hin kaum, allenfalls dann, wenn sich die Ernährung verändert. Gibt es wenig Mäuse, ernähren sich manche Beutegreifer verstärkt von Vögeln. Im Sommer finden sich bei manchen Arten mehr Insekten in der Nahrung.

Andere Erscheinungen sind fest an bestimmte Jahreszeiten und Bedingungen gebunden. Erste Vorbedingung ist selbstverständlich, dass die Vögel überhaupt anwesend sind. Kot und Speiballen von Bienenfressern und Ziegenmelkern lassen sich nur in der warmen Jahreszeit finden. Hierzu sei auf den Zugvogelkalender aufmerksam gemacht, der alljährlich im FALKE-Kalender (zuletzt Kalender 2016) erscheint. Dementsprechend wird man Fußabdrücke, Speiballen und Kot sowie Stocherspuren von Watvögeln im Watt und an binnenländischen Gewässern vorzugsweise dann auffinden können, wenn die Vögel im Sommer längere Zeit bei uns rasten oder im Frühjahr durchziehen.

Bestimmte Phänomene wechseln im Lauf des Jahres periodisch. Raufußhühner ernähren sich im Winter von faserreicher wasserarmer Kost wie Nadeln von Nadelbäumen, Sprossen von Zwergsträuchern sowie Knospen und Kätzchen. Dann besteht ihre Losung aus leicht gebogenen festen Walzen mit einer weißen Kappe aus Harnsäure. Im Sommer ernähren sie sich von frischer Bodenvegetation und Früchten. Die Losung wird dann wasserhaltiger und fladenartig, bei Beereninhalt entsprechend blau oder rötlich verfärbt.

Wie der Gesang vieler Singvögel ist auch der Höhlenbau der Spechte an die Fortpflanzungszeit gebunden. Frische Höhlen und Späne vom Höhlenbau findet man vor allem im Frühjahr, allerdings wird auch im Herbst besonders an den Schlafhöhlen gearbeitet, indem Überwallungen am Eingang abgemeißelt und so die Eingänge offen gehalten werden.

Die Schneedecke im Winter erlaubt dann völlig neue Funde: Die Fußspuren der Überwinterer werden sichtbar, beispielsweise die der Hühnervögel. Bei hoher Schneelage findet man auch die Aus- und Eingänge der Schneehöhlen der Raufußhühner. Bei tauendem und tragendem Schnee fällt Kot an Ruhe-, Fress- und Schlafplätzen besonders ins Auge. Auch Spuren der Spechte können besser aufgefunden werden: Arbeitsspäne auf dem Schnee oder Einschläge der Erdspechte in Ameisennester. Bei überwinternden Singvögeln sind es meist Fraßreste, Samenschalen und Kot. Diese Hinterlassenschaften ermöglichen in einigen Fällen sogar eine Artbestimmung.

Artenteil

Familie Entenverwandte – Anatidae

Alle Enten, Gänse und Schwäne haben Schwimmfüße: Die Mittelzehe ist mit den beiden Seitenzehen durch zwei Schwimmhäute verbunden. Die kurze Hinterzehe steht frei und weist nach hinten. Wenn sie auf weichem Untergrund aus Schlamm, Sand oder Schnee gehen, hinterlassen die Vögel **Fußabdrücke**. Man kann diese Spuren nicht leicht einer bestimmten Art zuordnen, wenn man nicht den Vogel beobachtet oder eine zugehörige und bestimmbare Feder gefunden hat. Einen ersten Hinweis gibt lediglich die Größe der Fußabdrücke. Krickenten haben kleine Füße, Stockenten mittelgroße, und bei den Eiderenten sind sie besonders groß. Noch größer sind die Fußabdrücke von Gänsen, am größten die von Schwänen. Die Füße von Tölpeln (s. S. 75), Kormoranen (s. S. 76), Pelikanen und ihren Verwandten zeigen vier nach vorne weisende Zehen, die mit drei Schwimmhäuten untereinander verbunden sind.

Das **Gehen** von Entenvögeln nennt man Watscheln. Es ist mit ständigen wechselnden Drehbewegungen des Vogels um seine Hochachse verbunden. Dem entspricht, dass sie den Fuß jeweils etwas nach innen drehen, so dass die Mittelzehe nicht parallel zur Bewegungsrichtung steht, sondern nach innen weist. Man spricht von einer geschränkten Spur. Die einzelnen Fußabdrücke sind auch gegenüber der Mittellinie der Bewegungsrichtung seitlich nach außen versetzt. Wahrscheinlich leiten sich diese Besonderheiten aus den Anpassungen an das Schwimmen her.

Der einzelne **Fußabdruck** lässt mehr oder weniger deutlich – je nach Untergrund – die beiden Schwimmhäute zwischen der Mittelzehe und den beiden

Fußabdrücke verschieden großer Schwimmenten

Schnatterente (groß)

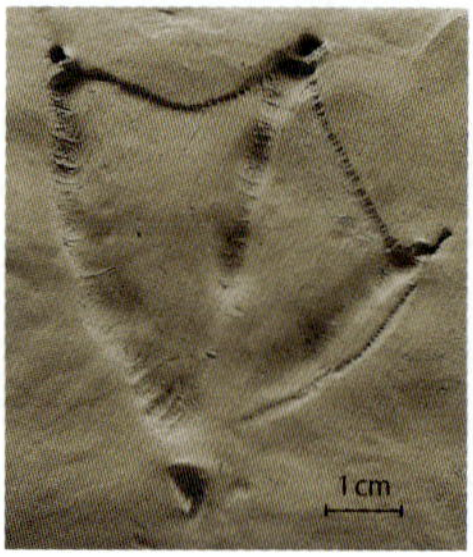

Löffelente (mittelgroß)

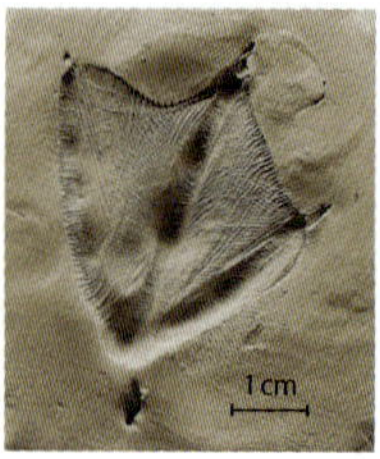

Krickente (klein)

seitlichen Zehen erkennen. Nach hinten drückt sich die kurze Hinterzehe ab. Sie ist gegenüber der Längsachse des Fußes etwas nach innen gewendet. Man kann also an ihrer Stellung am besten erkennen, ob es sich um den Abdruck des rechten oder des linken Fußes handelt. Außerdem gibt es noch Längenunterschiede zwischen Außen- und Innenzehe (Abb. Seite 20).

Bei der Betrachtung der Fußabdrücke von Entenvögeln vergleiche man aber auch die Fußabdrücke von Möwen, Seeschwalben und einigen Limikolen, bei denen ebenfalls Schwimmhäute entwickelt sind (s. S. 20). Beispielsweise haben unter den Watvögeln Säbelschnäbler ebenfalls deutlich ausgeprägte Schwimmhäute zwischen den Zehen. Bei den Wassertretern Odins- und Thorshühnchen sind sie nur lappenförmig angedeutet.

Entenvögel hinterlassen keineswegs nur Fußspuren, sondern fast immer kann man auch ihren zurückgelassenen Kot und andere Zeichen ihrer Anwesenheit finden. Besonders Gänse und Pfeifenten, die sich ausschließlich vegetarisch ernähren, hinterlassen auf den von ihnen beweideten Flächen viel Kot.

Unterfamilie Schwäne – Cygninae

Schwäne sind große weiße Entenverwandte. Die Hinterlassenschaften dieser Vögel kann man nur dann sicher einer Art zuordnen, wenn man die Vögel direkt am Ort gesehen hat. Hier werden nur zwei Arten kurz besprochen.

Höckerschwäne brüten in großen Nestern aus Blättern und Zweigen am Gewässerufer.

Höckerschwan *Cygnus olor*

Höckerschwäne sind kaum größer als Singschwäne, man kann sie jedoch anhand der Schnäbel, der Körpergestalt und der Lautäußerungen unterscheiden. Höckerschwäne treten teilweise als Winter- oder Mausergäste auf, sind aber auf vielen Gewässern als halbzahme Jahresvögel anzutreffen, auch auf Parkteichen im Siedlungsraum.

Altvögel und die ausgewachsenen, teils noch grauen Jungvögel hinterlassen im Winter viele Spuren im Schnee.

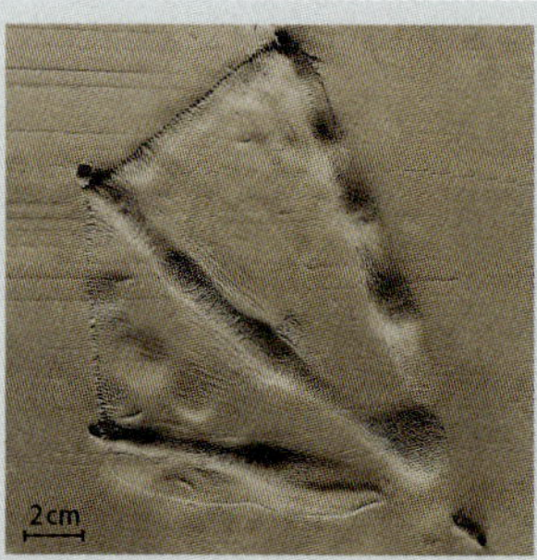

Details im Abdruck: der fein gezackte Rand der Schwimmhäute, die Kralle an der Hinterzehe und der zusätzliche Lappen an der Innenzehe

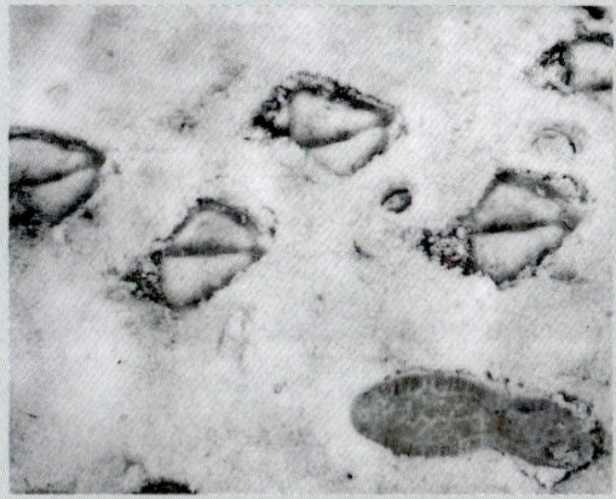

Im frischen Nassschnee bildet sich die Laufspur des schweren Vogels klar ab, zum Vergleich der Abdruck eines mittelgroßen Schuhs.

Höckerschwäne als große Pflanzenfresser hinterlassen auch große Mengen an Kot; daneben eine im Sommer gemauserte Decke aus dem Handflügel.

Singschwan *Cygnus cygnus*

Singschwäne sind im zentralen und westlichen Mitteleuropa ursprünglich als Überwinterer aus dem Norden oder dem Osten aufgetreten, breiten sich nun aber als Brutvögel vom Baltikum her westwärts aus und brüten inzwischen regelmäßig im Osten Brandenburgs und Sachsens.

Den Singschwan unterscheidet man vor allem anhand des gelbschwarzen Färbungsmusters seines Schnabels vom Höckerschwan.

Wo Singschwäne im Winter rasten, finden sich kleine Mauserfedern am Gewässerufer.

Als Pflanzenfresser hinterlassen Singschwäne große Kotstücke grünlicher Färbung mit pflanzlichen Resten darin.

Unterfamilie Gänse – Anserinae

In Mitteleuropa hat man es mit einer ganzen Anzahl von Wildgansarten zu tun. Als häufigere Populationen kommen vor:

Meeresgänse: Kanadagans, Nonnengans (= Weißwangengans), Ringelgans
Feldgänse: Graugans, Blässgans, Kurzschnabelgans, Tundrasaatgans.

Jede Art hat ihre eigene Verbreitung, Phänologie und Ökologie. Da aber alle Gänse sich von Vegetation ernähren, kommen sie besonders im Winter

Die Graugans ist die größte Vertreterin der bei uns heimischen graubraunen Feldgänse.

Bei Graugans-Familien kann man die kleineren Kotstücke der Jungvögel neben denen der Eltern finden.

Gänsekot besteht aus unverdauten pflanzlichen Anteilen und einem weißen Überzug aus Harnsäure am stumpfen Pol.

An dieser Stelle hat eine Blässgans eine Zeitlang gerastet.

Neben dem gerollten Walzenkot einer Tundrasaatgans liegt auch etwas Blinddarmkot.

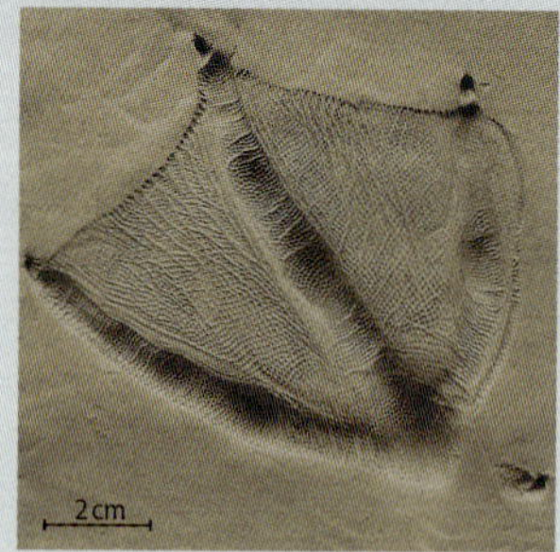

Der Fußabdruck der Graugans ist typisch entenvogelartig, er liegt in der Größe zwischen Enten und Schwänen.

häufig zusammen in einem Gebiet vor, auch in gemischten Trupps. Insbesondere schließen sich einzelne Vögel, die keinen Anschluss an Artgenossen haben, den Trupps einer anderen Art an. Daher ist es oft unmöglich, die Hinterlassenschaften der Gänse einer einzelnen Art zuzuordnen, wenn man nicht die Vögel selbst am Fundort gesehen oder bestimmbare Federn gefunden hat. Aus diesem Grund werden hier die Spuren und sonstigen Hinterlassenschaften der Gänse nur am Beispiel weniger Arten behandelt. Als Hinterlassenschaften kommen ohnehin außer den Federn fast nur Kot und Fußspuren, kaum Spuren der Nahrungsaufnahme infrage. Da alle Gänse und ihre Verwandten anders als die Hühnervögel nur im Wasser baden, entfallen Sandbäder als Nachweisart.

Graugans *Anser anser* und andere Feldgänse

Gänse und Schwäne weiden oft auf landwirtschaftlich genutzten Flächen, z. B. auf Grünland, Raps und Wintergetreide. Da sie von Wegen und Straßen aus gestört werden, halten sie sich vorzugsweise in der Mitte der einzelnen Fläche auf, und hier fressen sie auch am meisten. Der **Weideeffekt** zeigt sich also in der Feldmitte am stärksten, soweit sie im Winter und im Frühjahr genutzt wird. In der nachfolgenden Saison vor der Ernte erkennt man meist keinen Unterschied mehr, allenfalls in unterschiedlichen Reifungsterminen der Kultur. An der einzelnen Gras- oder Rapspflanze kann man im Winter den **Verbiss** erkennen. Sowohl Gräser als auch Raps können sich aber von solchem Verbiss während der Vegetationsperiode gut erholen. Gänse streifen im Sommer, wenn es wenig frisches Gras gibt, auch im Vorbeigehen von reifenden Gräsern die Früchte ab, indem sie die Rispen durch den Schnabel ziehen.

Gänse sind also ganz allgemein weidende Pflanzenfresser und ernähren sich von Blättern und anderen Pflanzenteilen. Da die Pflanzenorgane hauptsächlich aus den schwer verdaulichen Skelettsubstanzen Zellulose und Hemizellulose bestehen und die Vögel im Wesentlichen Protein und lösliche Kohlenhydrate wie Zucker aus der aufgenommenen Nahrung gewinnen, also sehr oberflächlich verdauen, müssen sie viel fressen und geben auch viel Kot ab. Dieser enthält noch eine Menge an Zellulose und anderen Stoffen. Dementsprechend hat **Gänsekot** eine stark düngende Wirkung. Die Vögel erstatten damit indirekt den beim Weiden besuchten Flächen einen beachtlichen Teil der entnommenen Biomasse zurück: Die durch den Kot gedüngte Wiese wächst schneller, die Pflanzen enthalten mehr Protein.

Blässgänse im Alterskleid lassen sich gut an der groben Querbänderung der Unterseite erkennen. Man nennt sie daher auch Tigergänse.

Der Durchlauf der Pflanzenmasse durch die Gans – vom Aufnehmen mit dem Schnabel bis zum Abgeben des Kots – geht schnell vor sich, in etwa einer Stunde. Bei Ringelgänsen wurden im Experiment nur 40 Minuten festgestellt. Da eine Gans etwa alle fünf Minuten eine Kotwurst abgibt, ist manchmal eine Wiese mit Gänsekot gespickt, wenn darauf eine Gänseschar einige Tage geweidet hat. Bei Ringelgänsen, die in der Salzwiese weiden, beträgt das Intervall zwischen zwei Kotabgaben unter Umständen nur drei Minuten, bei Nonnen- und Blessgänsen ebenfalls in der Salzwiese 3,5 Minuten. Im Brutgebiet liegen die Abstände bei Nonnengänsen und Streifengänsen zwischen 6 und 12 Minuten.

Manche Viehbesitzer glauben, dass Gänsekot die Viehweide verdirbt. Dafür gibt es keine Belege. Man hat sogar schon Schafe beobachtet, die den Kot der Gänse gezielt aufnahmen. Auch für Rallen und manche Enten scheint er eine Delikatesse darzustellen. In früheren Zeiten wurde Gänsekot auch als Medizin verwendet, beispielsweise gegen Skorbut. Dass Gänsekot oder Gänsespeichel die Vegetation verätzt, ist ein Märchen. Weidende Gänse in Parks und auf Liegewiesen am Schwimmbad werden dort nicht gern gesehen, weil sie hier ihren Kot hinterlassen. Man braucht aber immerhin keine Angst vor Infektionen zu haben. Im Gänsekot sind keine für den Menschen infektiösen Keime nachgewiesen worden. Die einzelne **Kotwurst** besteht im Wesentlichen aus den nicht so schnell verdaulichen Resten der aufgenommenen Vegetation. Sie endet am stumpfen Pol mit einer Kappe aus weißer Harnsäure, die als Erstes ausgeschieden wird. Das einzelne Kotstück kann unterschiedlich groß sein, je nach der Größe der Gans. Bei einer Graugans sind die Kotwürste etwa so groß wie der kleine Finger eines erwachsenen Menschen, viel länger und dicker als bei einer Ringelgans. Da aber innerhalb einer Art die Individuen ebenfalls unterschiedlich groß sind – die Ganter größer als die Weibchen – kann man nach der Größe der Kotstücke allein den Verursacher nicht leicht ermitteln. Am ehesten ist das möglich, wenn man noch Beifunde wie Federn zur Verfügung hat.

Bei einigen Gänsearten findet man das **Trampeln** im Flachwasser als eine Verhaltensweise, mit deren Hilfe Nahrung aus dem Untergrund zugänglich gemacht wird (vgl. Brandente, (s. S. 37). Das Trampeln ist mit Gründelbewegungen verbunden. Dabei entstehen die typischen Trampelwannen. Auf festem Untergrund trampeln Streifengänse ebenfalls und beschaffen sich damit tierliche Nahrung aus dem Boden, so wie es Silbermöwen tun. Das Trampeln tritt bei den Gänsen zur Zeit der Jungenaufzucht, aber anscheinend auch als aggressive Handlung auf, mit deren Hilfe Artgenossen auf Distanz gehalten werden. Auf festem Untergrund entstehen keine Trampelwannen.

In Ackerkulturen fallen Saatgänse gern ein und hinterlassen **Fraßspuren** an Zuckerrüben oder an Ernteresten.

Nonnengans oder **Weißwangengans** *Branta leucopsis*

Die Nonnengans hat ursprünglich nur in der Arktis gebrütet – bis in höchste Breiten, z. B. auf Spitzbergen. Die Vögel kommen dann nach Mitteleuropa, um an den Küsten zu überwintern. In jüngerer Vergangenheit haben sich neue Brutpopulationen in Holland und entlang der Nordseeküste sowie in der Ostsee und im Baltikum gebildet.

An den Deichen wie auch im Vorland und im küstennahen Binnenland fallen sie scharenweise ein, um zu weiden, und treten dabei mit dem Weidevieh in Konkurrenz.

Nonnengänse bevorzugen wegen ihrer kurzen Schnäbel kurzrasige Weideflächen.

In den Trupps sind fast immer die Paare zu erkennen.

Sie hinterlassen wie auch andere Gänse viel Kot, hier zusammen mit Schafskot.

In diesem Fußabdruck kann man die Darstellung eines zusätzlichen Stückes Schwimmhaut an der Innenzehe (rechts) erkennen.

Man findet auf einer beweideten Fläche die Kotwürste meist einzeln. Dort wo mehrere auf einem Haufen liegen, hat eine Gans eine Weile gerastet. Die Kotproduktion endet etwa eine Stunde nach dem Ende des Weidegangs. Wenn also die Gänse nachher auf ein Schlafgewässer fliegen, wo sie über Nacht bleiben, bringen sie nicht mehr viel Kot mit.

Nonnengänse mit ihrem relativ kurzen Schnabel bevorzugen Flächen mit niedriger Vegetation. Je dichter die Pflanzen dort wachsen, desto länger halten sich die Vögel auf einer solchen Fläche auf. Das kann man an der Menge hinterlassenen Kots ablesen. Bei einer Pflanzendichte von 150 pro 125 Quadratzentimeter entfallen auf einen Quadratmeter bis zu 20 Kotstücke. Umgerechnet ergibt das einen Wert von 1,75 Kotstücke pro 1000 Pflänzchen. Daneben findet man gelegentlich den schmierigen dunklen Blinddarmkot.

Ringelgans *Branta bernicla*

Als kleinste Meeresgans verbringt die Dunkelbäuchige Ringelgans nur eine kurze sommerliche Brutzeit in der Arktis und ist in der übrigen Zeit entweder auf der Wanderung oder im westeuropäischen Überwinterungsgebiet. Hier ist sie stark an die Küste gebunden und tritt in großen weidenden Scharen in den Salzwiesen oder auch im küstennahen Binnenland auf. Im Frühjahr kommen viele von ihnen auf die nordfriesischen Halligen, um hier Fettvorräte für die Wanderung über ein paar tausend Kilometer nach Sibirien anzulegen. Da sie besonders während der Ringelganswochen im Frühjahr viele Touristen anlocken, ist der alte Streit mit der Weidewirtschaft der Landwirte befriedet. Außerdem erstattet jede weidende Gans einen Teil des verursachten Weideschadens durch den Kot zurück, der die Flächen düngt (s. S. 31).

Ringelganspaare halten im Prinzip auf Lebenszeit zusammen.

Auf den Halligen sind im Frühjahr die Weideflächen mit Gänsekot bedeckt.

Wo Gänse ihre Jungen aufziehen, liegen die kleinen Kotwürste der Gössel neben dem Kot der Altvögel.

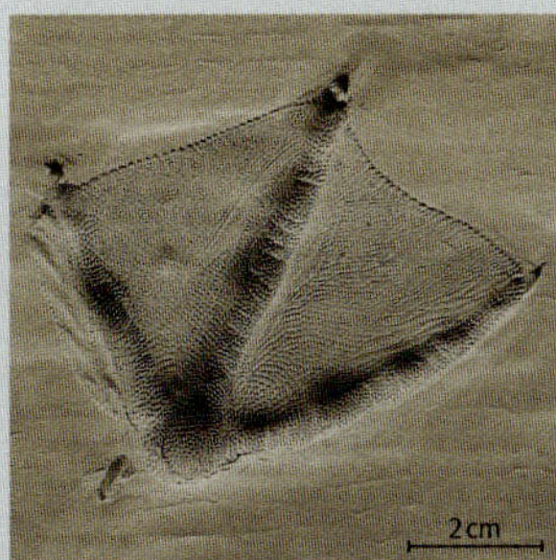

Der Fußabdruck einer Ringelgans ist kleiner als derjenige anderer Gänsearten.

Unterfamilie Tadornen – Tadorninae

Zu dieser Unterfamilie gehören die Rostgans, die Nilgans und eine Reihe weiterer exotischer Arten. Sie als Halbgänse zu bezeichnen, ist aus biologischer Sicht Unsinn. Sie leiten sich von entenartigen Vorgängern ab. Hier wird an erster Stelle die Brandente vorgestellt, die fälschlich auch als Brandgans bezeichnet wird. Danach folgt eine Kurzdarstellung der Nilgans, die sich als Neozoon invasiv ausbreitet.

Brandente, Brandgans *Tadorna tadorna*

Die Brandente ist eine große Entenverwandte, die ursprünglich im Wattenmeer lebt, in jüngerer Vergangenheit aber mehr und mehr entlang der großen Flüsse auch ins Binnenland vordringt. Brandenten ernähren sich in ihrem eigentlichen Lebensraum von kleinen Schnecken und Muscheln, die sie aus der Oberfläche des Wattbodens herausseihen. Bei dieser Nahrungsaufnahme erzeugen sie bezeichnende Spuren auf der Oberfläche des Watts, die sich am besten bei frisch ablaufendem Wasser im Schlickwatt erkennen lassen. Sie bestehen aus ihren ententypischen **Fußabdrücken**, die sich Schritt für Schritt aneinanderreihen; gleichzeitig bewegen sie den Kopf mit dem seihenden Schnabel pendelnd nach rechts und links, so dass entlang ihrer Trittspur nach beiden Seiten abwechselnd ausholende und durch Schnabelbewegungen strukturierte **Pendelspuren** entstehen. Dieses Muster erinnert in der Form an das Fraßmuster, das eine Schnecke auf einer mit Algen bewachsenen Fläche hinterlässt. Die Schnecke pendelt ebenfalls mit ihrem Kopf nach rechts und links und raspelt dabei mit ihrer Radula die Algenschicht ab – in viel kleinerem Maßstab.

Brandenten sind häufige Bewohner des Wattenmeers.

Brandentenfuß: Zwischen den mit Krallen bewehrten Zehen spannen sich die beiden Schwimmhäute aus.

Laufspur einer Brandente. Die Kralle der Mittelzehe hinterlässt eine Schleifspur.

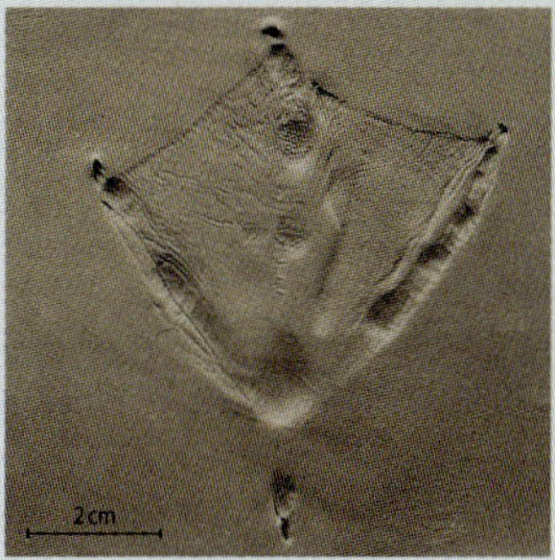

Der Fußabdruck lässt auch die Hinterzehe erkennen.

Trampelwannen im festen Boden des Mischwatts können auch das Hochwasser überstehen.

In festem Wattboden können unter Mitwirkung von Ebbe und Flut ganze Systeme von verlängerten Wannen entstehen.

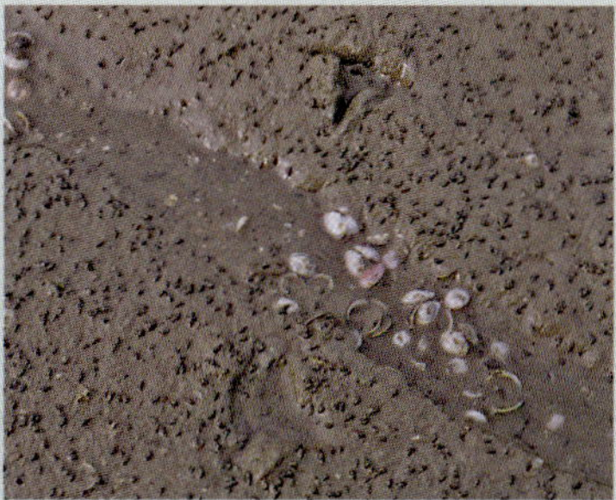

Auf einem Quadratmeter Schlickwattfläche können Zehntausende von Wattschnecken leben, im kleinen Priel Schalen von Baltischen Plattmuscheln

Der geformte trockene Kot der Brandenten lässt farbige Schalenbestandteile von Baltischen Plattmuscheln erkennen.

Frischer Brandentenkot sieht ganz anders aus. Der Vogel hat auch Pflanzen abgeweidet.

Trampelwannen: Manchmal halten sich Brandenten an besonders nahrungsreichen Stellen längere Zeit auf und seihen in den weichen Boden hinein. Sie erreichen damit eine größere Tiefe als beim bloßen pendelnden Seihen an der Oberfläche. Dabei bewegen sie sich trampelnd von einem Fuß auf den anderen. Dabei entstehen flache Gruben von etwa einem halben Meter Durchmesser, die an die meist kleineren Trampelwannen von Lachmöwen (s. S. 120) erinnern. Für das Trampeln benötigen sie eine Wasserschicht auf der Bodenoberfläche, damit der Untergrund aufgeschwemmt wird. Daraus entnehmen sie ihre Nahrung. Die entstehenden Vertiefungen im Watt können sich auf größerer Fläche zu ganzen Systemen vereinigen, wenn der Untergrund solide genug ist, um dem Hochwasser längere Zeit zu widerstehen. Wenn die Vögel dagegen Grünalgen aus dem Wasser nehmen oder im Grünland oder auf der Salzwiese weiden, entstehen keine spezifischen Spuren. Das Trampeln in flachem Wasser ist außer bei der Brandente und der Lachmöwe auch beispielsweise bei Flamingos, bei Schwänen und unter den Gänsen bei Streifen-, Schwanen- und Graugans beobachtet worden.

Bei Hochwasser rasten die Vögel oft auf festem Grund. Hier und auf trockenfallendem Watt findet man ihren **Kot**: Er besteht wie bei allen Fleisch fressenden Tieren vor allem aus der weißen Harnsäure, in die die kleinen unverdaulichen Schnecken- und Muschelschalen sowie Sand eingelagert sind. Wenn die Ente hauptsächlich Wattschnecken *Hydrobia ulvae* verzehrt hat, fallen die kleinen spitzen Schneckengehäuse darin auf. Hat sie sich von Baltischen Plattmuscheln *Macoma balthica* ernährt, so ist der Kot durch die Schalenreste gelblich oder rosafarben getönt.
Brandenten brüten am liebsten in den Dünen in alten Höhlen der Kaninchen oder des Rotfuchses. Man kann solche **Höhlen** an Federn und an Fußspuren

der Enten im sandigen Eingang erkennen. Sie graben jedoch selbst keine Höhlen aus, sondern sind auf fremde Höhlenwohnungen angewiesen. Im Notfall nehmen sie auch mit einem umgedrehten alten Boot oder einem Platz unter dichtem Gebüsch vorlieb. Das Entennest kann man an dem Vlies von Nestdunen erkennen, die die Ente zu Beginn der Bebrütung an ihrem Bauch auszupft und womit sie das Gelege bedeckt und wärmt, wenn sie die Brutstätte zur Nahrungssuche verlässt. Nicht brütende Enten rupfen sich die Nestdunen ebenfalls aus. Der Wind treibt sie dann als übergroße Schneeflocken davon. Zwischen die Dunen sind einzelne Deckfedern aus dem Bauchgefieder eingemischt, an denen man erkennen kann, ob das Nest wirklich von einer Brandente oder einer anderen Entenart stammt (Kolbe, in Vorbereitung).

Vor der Brutzeit inspizieren die Brandentenpaare mögliche Bruthöhlen in den Dünen.

Es handelt sich um verlassene Kaninchenhöhlen. Am Eingang hinterlassen die Enten ihre Spuren im Sand.

Nilgans *Alopochen aegyptiaca*

Die Nilgans hat sich von Holland her kommend zunächst an den größeren Flüssen ausgebreitet, ist aber heute an kleinen Gewässern selbst inmitten der Städte und in der offenen Agrarlandschaft als Weidegängerin anzutreffen – mit zunehmender Tendenz.

Bei den Abdrücken des Nilgansfußes wird nicht immer die Schwimmhaut sichtbar.

Im weichen Schlamm drücken sich auch die Schwimmhäute ab.

Nilgänse können sich auch mitten in der kalten Jahreszeit erfolgreich fortpflanzen. Das Bild stammt vom 8. März.

Die Länge der Steuerfeder lässt sich im Vergleich mit dem etwa 6 cm langen Eichenblatt (links) abschätzen.

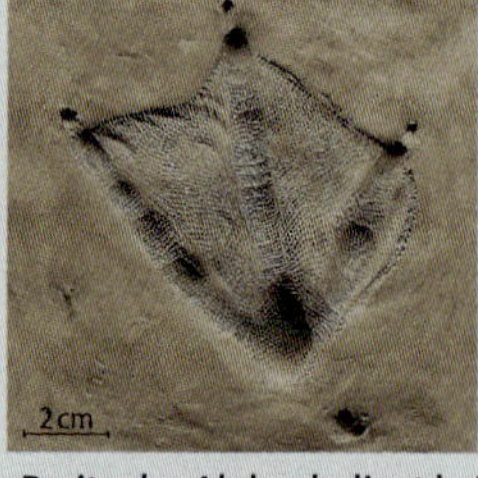

Die Breite des Abdrucks liegt bei 8 cm, seine Länge bei 10,5 cm.

Unterfamilie Enten – Anatinae

Zu dieser Gruppe gehören die Schwimm- und die Tauchenten mit jeweils zahlreichen Arten, außerdem die Säger und andere. Hier werden nur wenige ausgewählte Arten beispielhaft dargestellt. Die einzelnen Arten sind in ihrer Ernährung ganz unterschiedlich eingenischt. Man kann das an dem Kot erkennen, den sie hinterlassen. Bei Pflanzenfressern, beispielsweise bei der Pfeifente, besteht er aus geformten Kotwürsten, in denen man noch grüne Pflanzenteile erkennen kann und die am stumpfen Ende von einer dünnen Schicht weißer Harnsäure überzogen sind. Bei Arten, die tierliche Kost zu sich nehmen, ist der Anteil der weißen Harnsäure größer. Dem Verdauungsergebnis entspricht die Ausgestaltung des Darmsystems. Für Pflanzenfresser spielen besonders die Blinddärme eine wichtige Rolle, in denen mit Hilfe einer spezialisierten Bakterienflora Faserstoffe abgebaut und dem Energiestoffwechsel zugänglich gemacht werden. Die Blinddärme sind wie bei Hühnervögeln paarig angelegt und münden kurz vor der Kloake in den Enddarm. Von hier aus werden sie auch gefüllt. Sie bestehen aus einem dünneren kurzen Halsteil und einem längeren Ampullenteil. Ihre Länge steht mit der Größe des Vogels in Zusammenhang, aber davon unabhängig auch mit seiner Ernährung. Bei der Stockente mit ihrer gemischten Kost haben sie eine Gesamtlänge von je ca. 16 cm, bei der vegetarisch lebenden Kolbenente von ca. 18 cm, bei der kleinen Krickente von etwa 11 cm. Bei der viel größeren Brandente fand sich ein Wert von 13 cm, bei einem Gänsesäger, der sich nur von tierlicher Kost nährt, ein Wert von 8 cm (alle Messwerte von Dr. F. Müller, unveröff.). Alle Pflanzen fressenden Enten sollten in größerem Umfang neben den geformten Kotwürsten einen zähflüssigen schwarzen Blinddarmkot abgeben, der wahrscheinlich bei Beginn der Aktivitätsphase einmal am Tag ausgeschieden wird.

Die männliche Stockente im Prachtkleid ist den meisten Menschen bekannt.

Stockente *Anas platyrhynchos*

Die Stockente ist das ganze Jahr über die an vielen Gewässern Mitteleuropas häufigste und den meisten Menschen am ehesten vertraute Entenart, auch an Parkteichen und sonstigen städtischen Gewässern. Sie ernährt sich je nach Angebot von gemischter Kost.

Vögel verlieren kaum Wärme über die Füße und erzeugen daher keine Fußabdrücke auf dem Eis; weibliche Stockente.

Stockenten hinterlassen auf dem Eis und im Schnee viel Kot und manchmal einen schwachen Abdruck ihres Ruheplatzes.

Wo viele Stockenten leben, überkreuzen sich die Spuren im Schnee.

Im nassen Sand drücken sich die Füße tief ein, so dass man auch die Hinterzehe sieht.

Die mittelgroße Spur eines Entenvogels lässt sich nur durch Beobachtung oder durch typische Federn identifizieren.

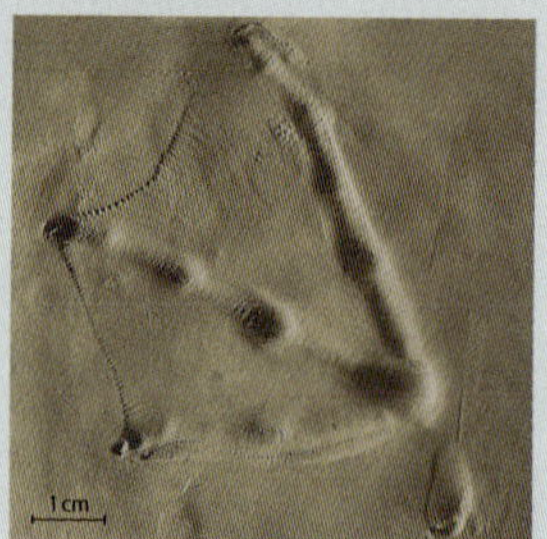

Wie bei anderen Entenvögeln kann man an der Innenzehe (unten) einen zusätzlichen, außen angesetzten Hautlappen erkennen.

Stockenten ernähren sich viel von pflanzlicher Kost, was sich auch im Kot zeigt.

Die Größe des Stockentenkots lässt sich anhand der arttypischen Steuerfeder und der Birkentragblätter (3 mm) einschätzen.

Pfeifente *Anas penelope*

Während die Angehörigen der meisten Entenarten von gemischter Kost leben oder sogar karnivor sind, das heißt tierliche Nahrung zu sich nehmen, gehören Pfeifenten zu den reinen Pflanzenfressern. Ähnlich wie Gänse suchen sie außerhalb der Brutzeit scharenweise das Grünland und Getreidefelder auf und weiden dort Blätter und andere Pflanzenteile ab. Sie weiden vorwiegend bei Nacht, um möglichen fliegenden Feinden zu entgehen. Sie hinterlassen einen gänseartigen Kot, nur sind die einzelnen Kotwürste kleiner als bei Gänsen. Daneben liegt manchmal der dunkle und zähflüssige Blinddarmkot.

Ein Pfeifenten-Flugtrupp zwischen Gewässer und Weide

Das alte Männchen beendet seine Ruhemauser.

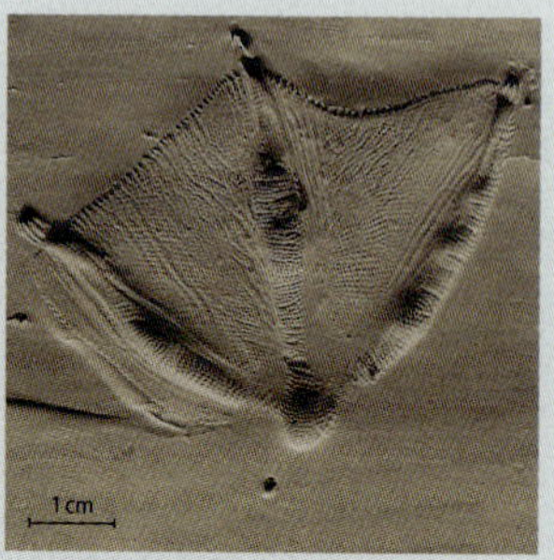

Dieser Fußabdruck einer Pfeifente wirkt sehr breit.

Der frische Pfeifentenkot ist grün mit weißer Kappe und enthält viel pflanzliche Fasern. Hier hat eine Pfeifente gerastet und mehrere Kotstücke aufgehäuft. Ringsum sind Grasblätter abgebissen.

Frischer Pfeifentenkot bei Regen. Bei der schwarzen schmierigen Masse handelt es sich um Kot aus den Blinddärmen.

Pfeifenten treten auch auf dem Wasser häufig gesellig auf.

Eiderente *Somateria mollissimia*

Eiderenten ernähren sich im Wattenmeer vorzugsweise von Muscheln, die sie tauchend unter Wasser erbeuten und verschlucken. Sie nehmen daher auch viel an Schalenmaterial auf. Da liegt es nahe, dass sie die Schalenstücke in Form von **Speiballen** wieder von sich geben und gar nicht durch den Darm laufen lassen. Eiderenten können aber auch **Trampelwannen** erzeugen, wenn sie im flachen Wasser Nahrung suchen.

Fußabdrücke von Tauchenten

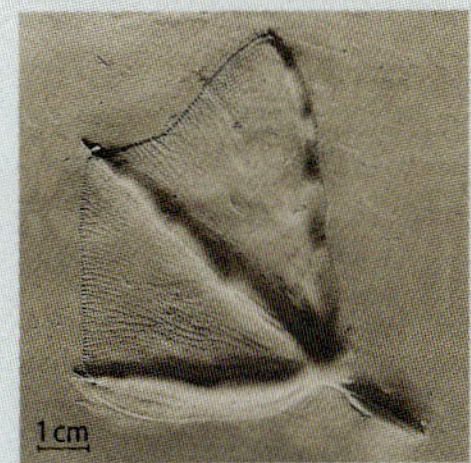

Reiherente

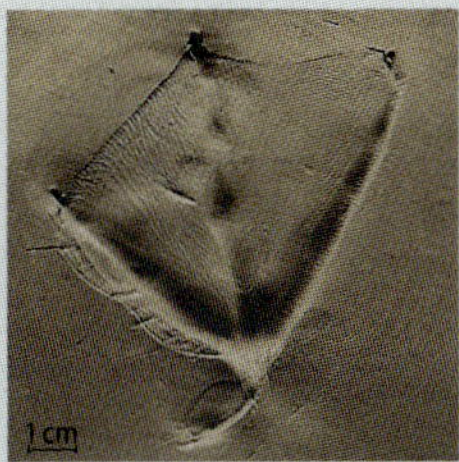

Eisente

Schellente

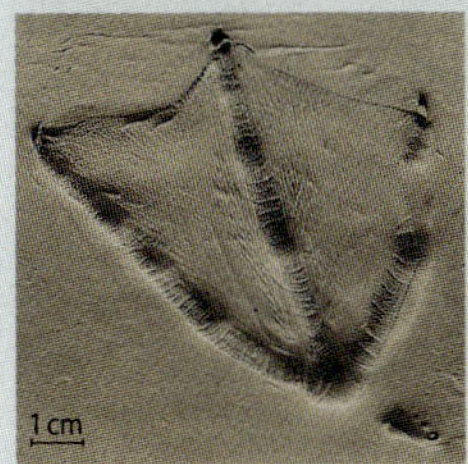

Bergente

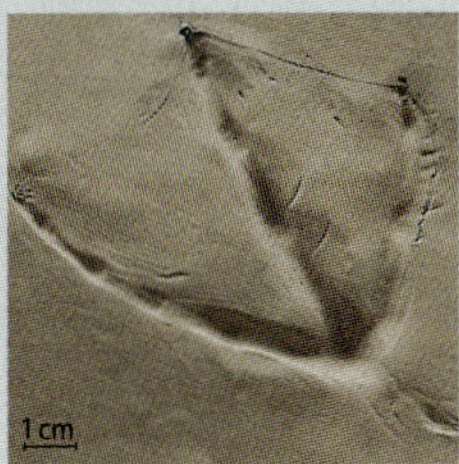

Trauerente

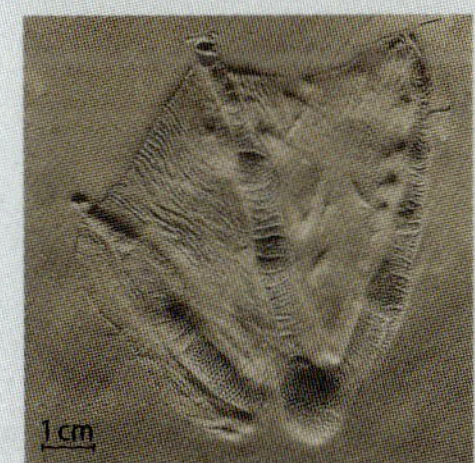

Eiderente

Eiderenten sind gänsegroße Tauchenten, die an den Küsten brüten und überwintern.

Gänsesäger *Mergus merganser*

Gänsesäger und ihre Verwandten ernähren sich vorzugsweise tauchend von Fischen verschiedenster Arten. Soweit sie Kot an Ruheplätzen auf dem Land abgeben, dürfte er vor allem aus Harnsäure bestehen. Im Sommer fressen alle Säger vermehrt Wirbellose wie Muscheln, Krebstiere und Insekten. Dann enthält der Kot Schalenreste und Chitin.

Auch Gänsesäger gehören zu den Entenvögeln, ernähren sich aber von Fischen.

Fußabdrücke von Sägern

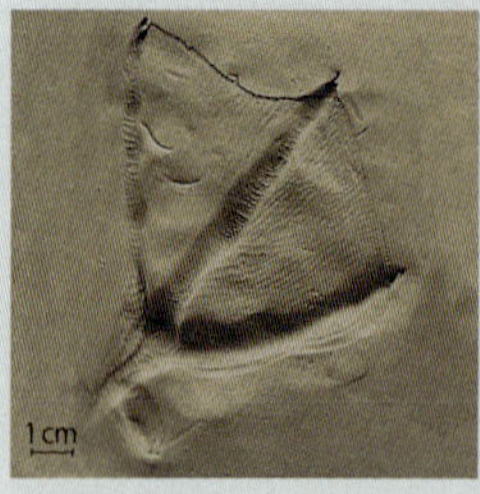

Gänsesäger

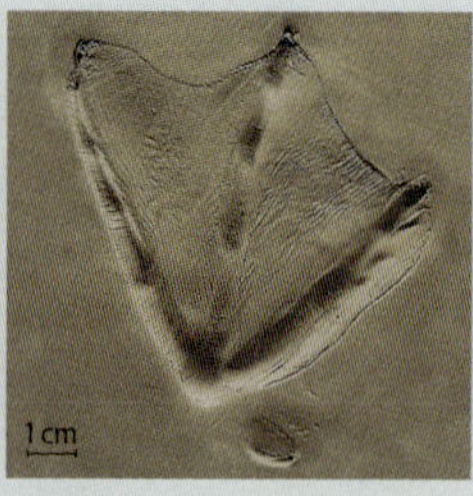

Mittelsäger

Zwergsäger

Familie Hühnervögel

Unterfamilie Glattfußhühner – Phasianinae

Sie erzeugen gleiche Hinterlassenschaften wie die Raufußhühner (s.S.55), aber meist in anderen Lebensräumen. Nur Birkhuhn und Fasan sowie Steinhuhn und Alpenschneehuhn können einander in bestimmten Gebieten begegnen. Den Fußabdrücken der Glattfußhühner fehlen jedoch zu allen Jahreszeiten die Zehenstifte. Spuren der Glattfußhühner im Feinschlamm, Schnee oder Sand können auch schon an den schmalen Zehenabdrücken unterschieden werden. Im Kot überwiegen Gras- und Samenbestandteile, während Nadelreste und Baumschuppenknospen kaum vorkommen. Die Kotstücke sind meist ungleichmäßig gekrümmt oder zusammengesetzt. Sie erhalten aber eine unterschiedliche Form, je nachdem, ob sie am Boden vom ruhenden Vogel oder während des Laufens abgegeben werden, oder ob der Vogel sich auf einem Baum aufhielt wie Fasanen des Nachts. Im Winter sind sie in der Regel trockener als im Sommer. Ansonsten sind für die Bestimmung die Unterschiede in der Wahl der Lebensräume sowie Beifunde wie Federn wichtig.

Wachtel *Coturnix coturnix*

Bei dem kleinsten Hühnervogel sind auch die Hinterlassenschaften wie Fußabdrücke und Kotstücke kleiner als bei den anderen im gleichen Lebensraum vorkommenden Hühnern. Der Fußabdruck erreicht eine Länge zwischen

Die Wachtel ist sehr klein, tarnfarbig und als einziger europäischer Hühnervogel ein Fernwanderer, der bei uns nur im Sommer anzutreffen ist.

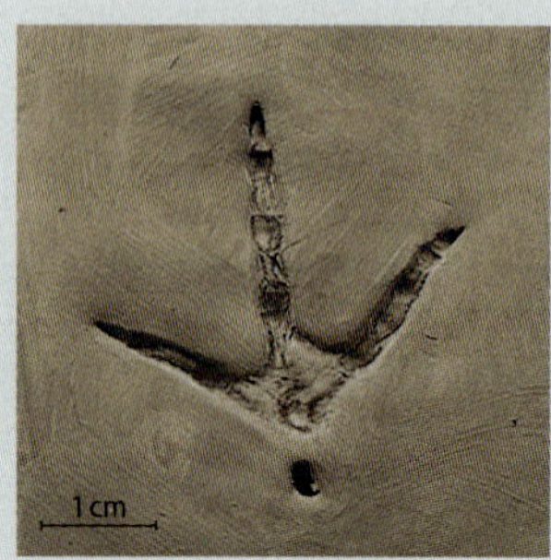

Der Fußabdruck der weiblichen Wachtel wirkt feingliedrig und grazil.

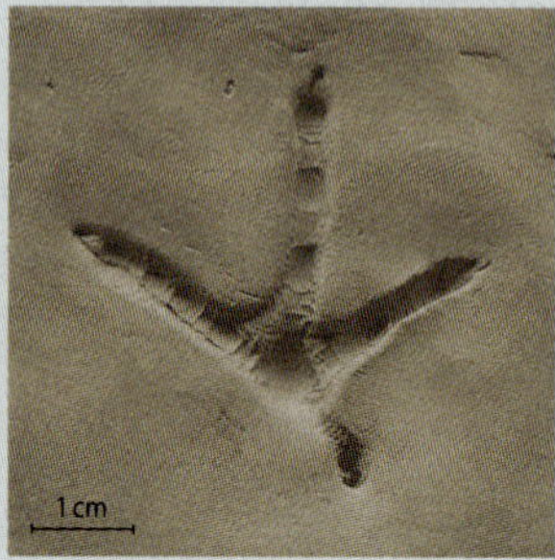

Der Fußabdruck des Wachtelmännchens ist ein wenig größer als der der Henne.

3 und 4 cm, also einen entschieden geringeren Wert als beim Rebhuhn. Die Japanische Wachtel *Coturnix [coturnix] japonica*, die hin und wieder zu Jagdzwecken freigelassen wird, jetzt als eigene Art aufgefasst, ist noch etwas kleiner als die europäische Form.

Steinhuhn *Alectoris graeca*

Das in Deutschland äußerst seltene Steinhuhn bewohnt als Jahresvogel in den Hochalpen steinige Steilhänge in südexponierten Lagen, auch lichte Nadelwälder. Meist hält es sich wie das Alpenschneehuhn oberhalb der Waldgrenze auf, im Winter können die Vögel aber in tiefere Lagen absteigen. Im Gegensatz zum Schneehuhn bevorzugen Steinhühner von Gräsern dominierte Hänge, so dass der Kot auch mehr Grasbestandteile enthält, weniger Knospenschuppen der Zwergsträucher.

Die **Fußabdrücke** sind typisch für mittelgroße Glattfußhühner. Sie dürften aber unter manchen Bedingungen nicht leicht von denen des Alpenschneehuhns zu unterscheiden sein.

Die **Kotwürste** sind nicht so glatt und sanft gebogen wie bei den Raufußhühnern, sondern gestreckt mit kleinen Krümmungen und am Ende deutlich verjüngt, beim ruhenden Vogel jedoch gestaucht. Sie liegen manchmal gruppenweise zusammen wie beim Alpenschneehuhn.

Der frische Kot trägt am einen Ende eine Kappe aus weißer Harnsäure.

In einer langen Winternacht, hier in der Wintermitte, fällt mehr Kot an.

Hier hat ein Steinhuhn Ende Mai eine Nacht zugebracht und einen Kothaufen hinterlassen. Die Kotstücke des ruhenden Vogels sind gestaucht.

Die Kotwürste der Steinhühner sind gestreckt, oft unregelmäßig gekrümmt und teilweise verjüngt. Älteren Stücken fehlt die Harnsäure.

Das Steinhuhn bewohnt steinige vergraste Hänge in den Hochalpen.

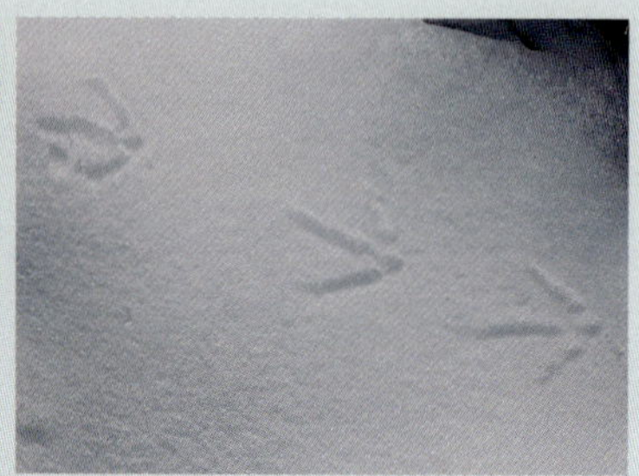

Die nähere Betrachtung enthüllt die schlanken Zehen, auch der Abdruck der Hinterzehe ist sichtbar.

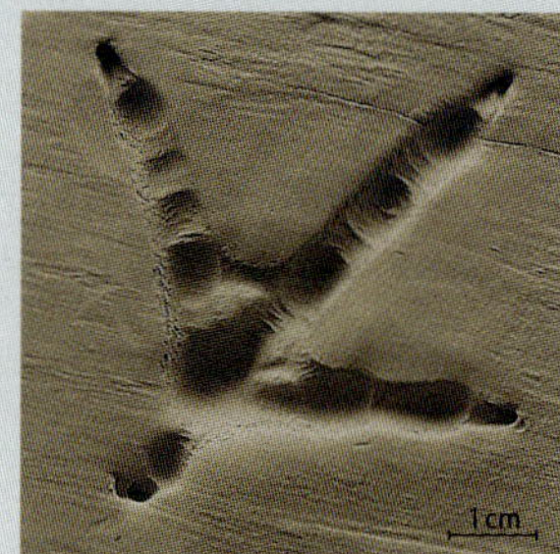

Die Laufspur des Steinhuhns zieht sich wie eine Perlschnur das Schneefeld hinauf.

Der Fußabdruck misst in der Länge wie in der Breite je etwa 6,5 cm.

Fasan *Phasianus colchicus*

Fasane sind vielerorts häufige und auch vertraute Vögel, solange sie nicht bejagt werden. Ihre Hinterlassenschaften kann man leicht finden. Viele Kleinpopulationen werden durch jährliche Aussetzungen gestützt oder erhalten. Bei Menschenkontakt können die Vögel futterzahm werden. Männliche Fasane sind größer als die weiblichen. Dem entsprechen auch ihre Hinterlassenschaften. Sowohl bei Fußspuren als auch bei Kotfunden und Huderpfannen ist es von Nutzen, wenn man bei ihnen auf Federn achtet. Viele Federn fallen im Sommer und im Herbst an, wenn sowohl die Alt- als auch die Jungvögel ihr Gefieder wechseln.

Die **Fußspuren** findet man genauso im Sand wie im Schnee, seltener im Schlamm einer trocknenden Pfütze. Sie lassen drei recht lange Zehen erkennen, die große, aber keineswegs rechte Winkel miteinander bilden (innen 40°, außen 45°). Der Fußabdruck eines Hahns hat eine Länge (von Mittelzehe bis Hinterzehe) von etwa 8 cm. Wie bei einem häufig scharrenden Huhn zu erwarten, sind die Krallen kräftig entwickelt.

Der **Kot** ausgewachsener Fasane setzt sich aus einem kugelförmig zusammengedrehten Teil und einer gerade ausgezogenen, am Ende zugespitzten Wurst zusammen. Der erste Teil ist häufig von weißer Harnsäure überzogen, der zweite ist dunkel. Am Schlafplatz findet man Kot in größerer Menge. Da Hähne wie Hennen auf Bäumen übernachten, sind die Kotstücke dort durch das Herunterfallen deformiert oder zerteilt. Da die Vögel sich über das Jahr hin viel von pflanzlicher Kost ernähren, scheiden sie auch viel Kot aus. Das dauert am Schlafplatz noch weit bis in die Nacht hinein an.

Als Pflanzenfresser verfügen Fasane über ein Paar langer Blinddärme, in denen mikrobieller Abbau von Zellulose stattfindet. Gewöhnlich scheiden die Vögel einmal pro Tag, meist morgens nach Verlassen des Schlafplatzes, einen großen Klecks zähflüssigen, stark riechenden **Blinddarmkots** aus, der homogen ist, also keine sichtbaren Pflanzenreste enthält. Dieser Klecks kann in einer Richtung ausgezogen sein, wenn der Vogel sich beim Ausscheiden fortbewegt hat. Er kann je nach aufgenommener Nahrung und Alter helloliv bis fast schwarz sein. Im Herbst, wenn die Vögel häufig Hagebutten aufnehmen, kann er auch schwarzrot sein.

Die **Huderpfannen** sind mit etwa 20-30 cm Durchmesser groß. Man findet sie auf sandigen Wegen oder am Rand von Gebüsch überall dort, wo offener, trockener und nicht zu fester Boden zutage tritt. Vor dem Bad lockern die Vögel den Untergrund durch Scharren oder Picken auf. Wie andere Hühnervögel baden sie bei sonnigem und trockenem Wetter jeden Tag. Kleine und größere Federn finden sich in der Huderpfanne besonders häufig im Sommer und Herbst zur Mauserzeit. Dann kann man auch Federn der Küken und eventuell ihre kleinen zusätzlichen Huderpfannen finden.

Der Fasanenhahn ist in der offenen Landschaft nicht zu übersehen.

Die Zehen im Fußabdruck des Hahns sind recht schlank. Ihm fehlen die Zehenstifte der Raufußhühner.

Im weichen Sand sind die Fußspuren einer Fasanenhenne tief eingedrückt.

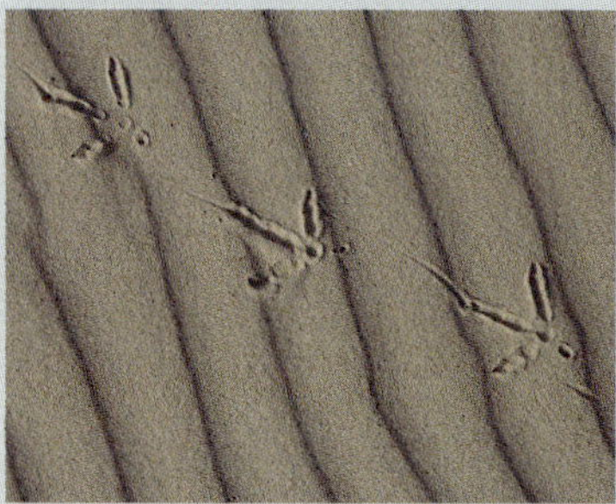

Im windgeformten Sand mit Rippelmarken hat der gemächlich gehende Fasan Schleifspuren der Mittelzehe hinterlassen.

Im Neuschnee setzt der Fasan eine klare Laufspur.

Kotstück eines Fasans, aus zwei Anteilen zusammengesetzt

Dunkler schmieriger Blinddarmkot des Fasans, nur einmal am Tag abgegeben, meist morgens

Blinddarmkot eines Fasans, im Gehen abgegeben und ausgezogen.

Die Huderpfanne eines Fasans auf einem sandigen Weg ist mit Federn gekennzeichnet.

Rebhuhn *Perdix perdix*

Der **Kot** der Rebhühner, in der Jägersprache Gestüber genannt, besteht aus kleinen knollig zusammengedrehten Gebilden, die am Ende spitz ausgezogen sind. Sie tragen in frischem Zustand einen Überzug von weißer Harnsäure. Sie erinnern an den Kot von Haushühnern in verkleinerter Form. Bei einer brütenden Henne, die nur gelegentlich zur Nahrungsaufnahme, für das Komfortverhalten und zur Kotabgabe das Gelege verlässt, wird der Kot größer und knollenförmig (Brutlosung).

Rebhühner benutzen ebenso wie andere Hühnervögel regelmäßig **Huderpfannen** für ihre Sand- oder Staubbäder. Diese sind kleiner und flacher als beim Fasan, der mit kräftigeren Füßen und dem Schnabel tiefer wühlen kann.

Das Rebhuhn stirbt in der Kulturlandschaft aus, wird aber regional noch immer bejagt.

Auf dünner Schneedecke hat das Rebhuhn eine Schleifspur der Mittelzehe hinterlassen. Fußabdruck 4,8 x 4,5 cm.

Der Kot eines Rebhuhns ist bezeichnend für Glattfußhühner.

Hin und wieder findet sich im Rebhuhnrevier der schwarze fladige Blinddarmkot.

Hier kann man auch die kleinen Huderpfannen der Rebhuhnküken erkennen.

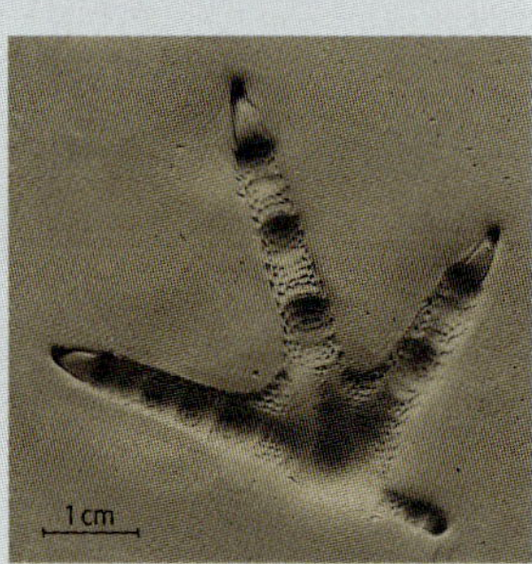

Die Zehen wirken wegen der fehlenden Zehenstifte schlanker als beim gleichgroßen Haselhuhn.

Halbierte Eischalen und eingetrocknete Eihüllen lassen erkennen: Das Gelege ist geschlüpft.

Das Rebhuhn nähert sich der Huderpfanne.

Man findet darin oder in der unmittelbaren Umgebung zuweilen Federn, manchmal auch einen Fußabdruck im Staub. Der **Fußabdruck** eines Rebhuhns hat eine Länge von ca. 5 cm, eine Breite von etwa 4,5 cm. Rebhühner halten im Winter noch als Familien oder individuenreiche Gruppen zusammen. Entsprechend sind dann Laufspuren im Schnee oft in großer Zahl zu finden, zusammen mit den Mulden, die die ruhenden Hühner im Schnee hinterlassen haben. Im frischen Pulverschnee erzeugt jedes Huhn mit dem Körper eine Laufrinne, in deren Mitte die Laufspur liegt.

Die **Nester** werden versteckt in der Bodenvegetation angelegt. Am Ende der Brutzeit kann man die Reste des geschlüpften Geleges finden. Den leicht getönten zahlreichen Eischalen in arttypischer Größe fehlt eine Fleckung. Neben den halbierten Eischalen finden sich die eingetrockneten inneren Eihüllen.

Unterfamilie Raufußhühner – Tetraoninae

Vorbemerkungen

Raufußhühner sind durchweg heimliche und scheue Vögel, die man nicht leicht zu Gesicht bekommt. Sie hinterlassen jedoch in ihrem Lebensraum viele Zeichen ihrer Anwesenheit, die es zu finden und zu erkennen gilt, wenn man die Vögel kennenlernen oder auch nur nachweisen will. Kaum eine Vogelgruppe wurde so intensiv untersucht wie die Angehörigen dieser Unterfamilie. Dabei spielten gerade indirekte („nicht invasive") Nachweise eine wichtige Rolle, also solche, bei denen die Vögel nicht gestört werden. Wir behandeln sie hier besonders ausführlich, weil sie viele Spuren und Zeichen hinterlassen, mit deren Hilfe alle Möglichkeiten indirekter Nachweise bestens illustriert werden können.

Eine Nutzung von Spuren und Zeichen hat sich beim Studium der Raufußhühner seit langem bewährt. So sind Funde von Fußabdrücken in Feinsand, Schlamm und Schnee, von Kot, Federn, Staubbadestellen, Nächtigungs-, Ruhe- und Nistplätzen bei diesen sesshaften Vögeln nicht nur als Nachweise von Wert. Spezielle Methoden, die allein auf der Auswertung indirekter Nachweise basieren, erlauben besonders bei den bedrohten mitteleuropäischen Raufußhuhnpopulationen wertvolle Aussagen zu ökologischen und verhaltensbiologischen Fragen. Besonders in stark erschlossenen, touristisch belasteten Gebieten haben sich Raufußhühner zu Meistern im Sichverstecken entwickelt, so dass die Nutzung indirekter Hinweise auch eine schonende, zeit- und kostensparende Untersuchungsmethode darstellt. Mit modernen molekulargenetischen Methoden analysiert, erlauben Federn und Kotproben sogar die Ermittlung von Populationsgrößen, genetischer Variabilität und genetischem Austausch in Metapopulationen. Außerdem ergeben sich Hinweise auf Energiehaushalt, Brut- und Schlupftermine sowie Parasitenbefall. Die Analyse von Stress-Hormonen aus Kotproben gibt Aufschluss über den Einfluss touristischer oder anderer Störfaktoren.

Im Einzelnen betrifft dies die im Folgenden genannten, allen Raufußhühnern gemeinsamen Phänomene. Weiter unten (s. S. 58 ff.) folgen dann Darstellungen zu den einzelnen Arten.

Die **Fußspuren** von Raufußhühnern sind typisch kreuzförmig geformt, das heißt, die Seitenzehen stehen in fast rechtem Winkel nach rechts und links ab – dies im Unterschied zu den Fußabdrücken von Waldschnepfe (s. S. 114), Ringeltaube (s. S. 127) und Rabenvögeln. Die Laufspuren aller Raufußhühner im Schnee sind oft kurvenreich, besonders bei den kleineren Arten Hasel- und Alpenschneehuhn, da die Vögel aus dem Schnee ragende Triebe von Nahrungspflanzen ansteuern und verbeißen.

Raufußhühner als Vegetarier nehmen ähnlich wie Gänse relativ viel Nahrung zu sich und scheiden daher auch viel **Kot** aus, in dem die unverdauten Anteile, vor allem Pflanzenteile aus Zellulose, mit Lupe oder Mikroskop zu erkennen sind. Die leicht gekrümmten geruchsarmen Losungswalzen („Walzenlosung“) tragen in frischem Zustand an dem einen Ende meist einen weißlichen Überzug aus Harnsäure, der durch Regen allmählich abgewaschen wird. Mindestens einmal am Tag, meist morgens, scheiden die Vögel zusätzlich einen grünlichen, zähflüssigen und würzig riechenden Blinddarmkot aus. Beim Trocknen wird er dunkel und rissig. Wenn die Vögel ab Mai zunehmend Nahrung aus krautigen Bodenpflanzen aufnehmen, wird der Kot breiartig, bei der Heidelbeerreife zudem blau gefärbt. Eine Verwechslung mit beerenhaltigem Fuchs- oder Marderkot ist leicht zu vermeiden, wenn man den Geruch prüft: Säugerkot stinkt, während der Hühnerkot angenehm würzig riecht, beim Trocknen später geruchlos wird.

Dieser Kot voller Kirschkerne und mit kräftigem Gestank ist eine Marderlosung.

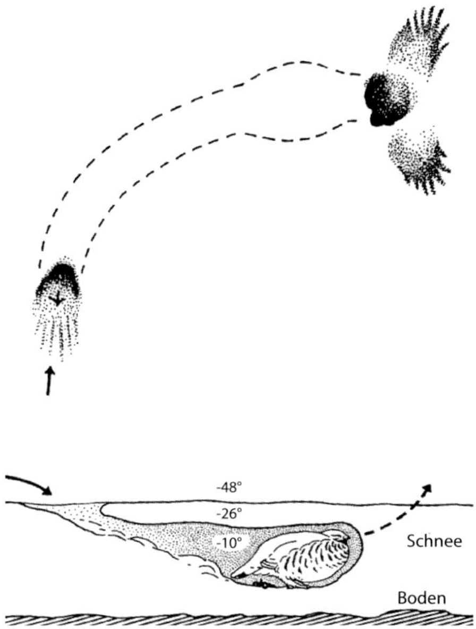

In der Schneehöhle kann das Haselhuhn bei Frosttemperatur übernachten. Morgens bricht es durch die Schneedecke nach oben hindurch und hinterlässt beim Abflug den Abdruck der Flügel. Die Temperaturangaben belegen die isolierende Rolle der Schneedecke.

Im Winter können Raufußhühner die Nacht in einer selbst gegrabenen **Schneehöhle** verbringen, die sie jeweils nur für eine Nacht benutzen und morgens wieder verlassen. Sie graben sie dort, wo lockerer Pulverschnee so hoch liegt, dass sie durch ein Schneedach gegen Sicht und Kälte geschützt sind. Hier haben sie es wärmer als in der kalten windigen Bergnacht draußen. Sie hinterlassen darin Häufchen von Kotwürsten, die man auch im Sommer noch als Kotansammlungen im Gelände finden kann. Aus der Zahl der Kotstücke lässt sich grob die Verweildauer in der Höhle berechnen. Auch sommerliche Schlafplätze auf Bäumen sind an Kotansammlungen kenntlich, wobei die Kotwürste jedoch weiter verteilt sind.

Raufußhühner baden wie auch andere Hühnervögel gern in lockerem, vor allem staubig-trockenem Boden, Sand, Mulm und ähnlichem Material. Die Vögel scheinen dabei das Fett in ihren Federn zu regulieren, das bei der Gefiederpflege aus der Bürzeldrüse entnommen und verteilt wird. Dabei hinterlassen sie bezeichnende Bodenvertiefungen, die mit einem Begriff aus der Jägersprache auch **Huderpfannen** genannt werden. Darin sind manchmal Kot, Mauserfedern oder sogar Fußabdrücke zu entdecken. Unter idealen Bedingungen sind im Sommer neben der Mulde des Weibchens sogar die kleineren Mulden der Küken zu erkennen und belegen dann eine erfolgreiche Brut.

Alpenschneehuhn *Lagopus muta*

Die typischen **Fußabdrücke** (Länge etwa 5,5 cm, Breite 4 cm) wird man am besten im Schnee finden. Auch im Sommer halten sich die Vögel oft nahe Schneefeldern auf und überqueren sie gelegentlich.

Besonders im Schatten von Steinen oder in kleinen Höhlungen, in denen die Vögel vor der Sonneneinstrahlung und vor Feinden geschützt ruhen, findet man die **Walzenlosung**, manchmal begleitet von einem großen Klecks Blinddarmkot. Alpenschneehühner bevorzugen im Sommer die frische Vegetation der Schneetälchen und verzehren dort Blüten, Blätter, Sprosse und Früchte aus einem reichen Angebot von Pflanzen. Hier findet man Abbiss-Spuren. Manchmal picken sie sogar in Pilze hinein.

Die **Sandbadeplätze** können in zusammengespültem feinem Sand, Kies, in verwittertem Pflanzenmaterial oder im Auswurf von Murmeltierhöhlen angelegt werden. Nicht selten sind im Sommer darin Mauserfedern zu finden, da Alpenschneehühner während der ganzen Sommersaison vom Frühjahr bis Herbst ihr Gefieder wechseln.

Den Winter über bleiben die Hühner in ihrem Lebensraum. Wo lockerer, genügend hoher Pulverschnee liegt, können sie sich mit ihren befiederten Füßen und ihren kräftigen Krallen abends eine **Schneehöhle** graben, in der sie die Nacht verbringen. In günstigen Fällen kann man die Landespur des Vogels, den verschlossenen Höhleneingang, seine morgendliche Durchbruchspur nach oben durch die Höhlendecke und den Abdruck der beiden Flügel des abgeflogenen Vogels erkennen (s. S. 57). Eine Verwechslung mit Fußspuren anderer Hühnerarten ist am ehesten mit denen der Steinhühner denkbar, die z. T. den Lebensraum über der Baumgrenze mit ihnen teilen. Das Steinhuhn hat jedoch nackte Zehen.

Der Alpenschneehahn ist in seinem Lebensraum auch im Sommer gut getarnt. Die Rosenpapillen über den Augen können aufgerichtet und vergrößert werden und zeigen Erregung an.

Ein Alpenschneehuhn hat an den Blüten des Einblütigen Hornkrauts *Cerastium uniflorum* gefressen.

Losung eines Alpenschneehuhns. Hier hat der Vogel länger gerastet, vielleicht im Schnee.

Der Hahn ist in einer Aushöhlung unter einem Stein von einem Feind – wahrscheinlich einem Hermelin – getötet worden.

Beim Sand- und Sonnenbad werden die weißen Flügel sichtbar.

Im Auswurf einer Murmeltierhöhle hat das Schneehuhn ein Sandbad genommen und eine gemauserte Schwanzfeder hinterlassen.

Vor Beginn des Bades hat das Huhn im dunklen Schwemmsand gepickt, um die Huderpfanne vorzubereiten.

In einer häufig benutzten Huderpfanne finden sich Mauserfedern und Kot.

Im frischen Schnee hinterlassen die Hühner viele Laufspuren.

Manchmal drückt sich der gespreizte Flügel beim Abflug in den Schnee.

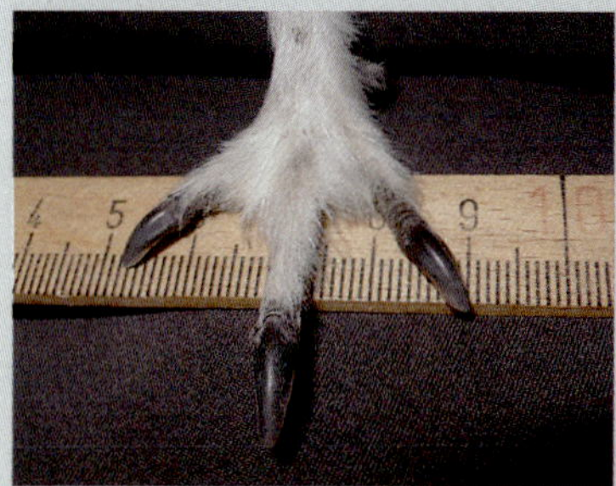

Die Füße des Hahns sind auch im Sommer bis zu den kräftigen Krallen befiedert.

Im Winter sind die Füße so gut mit Federn isoliert, dass man darunter die Zehen mit den frischen Zehenstiften nicht sieht.

Haselhuhn *Tetrastes bonasia*

Das Haselhuhn ist ein heimlicher und scheuer Bewohner dichter Baum- und Bodenvegetation des Waldes. Es ist deswegen besonders schwer nachzuweisen. Dennoch wird immer wieder – oft weit außerhalb der geschlossenen Verbreitungsgebiete – über das Vorkommen der Vögel berichtet. Unsichere Sichtbeobachtungen müssen daher immer durch nachprüfbare indirekte Nachweise (Kot- und Federfunde, Fußabdrücke) im nahen Umfeld untermauert werden und Belege aufbewahrt werden. Die dabei wichtigen Federn findet man anderswo beschrieben (Bergmann 2015).

Funde von Hinterlassenschaften der Haselhühner werden durch die hochgradige Ortstreue der Vögel begünstigt. Ihre Ortsbewegungen begrenzen sich normalerweise auf wenige hundert Meter. Die Wohngebiete oder Reviere sind mit 10 bis 50 ha Fläche nicht groß. Sie variieren etwas im Jahresablauf, auch geographisch und je nach Lebensraum. Aus der relativ geringen Größe und hohen Konstanz der Wohngebiete lässt sich in jedem Fall ableiten, dass

Der singende Haselhahn nimmt eine gedrungene Körperhaltung ein.

Ein Haselhuhnweibchen schaut aus seiner Schneehöhle.

Im künstlichen Fußabdruck kann man die Zehenstifte erkennen.

Vom geschlüpften Gelege bleiben Schalenbruchstücke im Nest, wenn die Henne mit den Küken aufgebrochen ist.

die Vögel, wo sie wirklich vorkommen, auch ständig anwesend sein müssen und hier Spuren und Zeichen ihrer Anwesenheit hinterlassen.

Grundsätzlich erscheint der Hinweis angebracht, dass einmalige Sichtbeobachtungen von Haselhühnern in Gebieten fernab bestehender Vorkommen der Art mit Skepsis zu beurteilen sind. Die große Standorttreue des kleinen Waldhuhns ist durch Beringungs- und Telemetrieergebnisse vielfach bewiesen worden. Darüber hinaus wird auch ein langjähriges Überdauern von Kleinpopulationen in abgetrennten Gebieten bei dieser von vielen Feinden bedrohten und meist kurzlebigen Vogelart nur in seltenen Fällen möglich sein. Wenn dabei die Vorliebe des Haselhuhns für geschlossene Waldungen beachtet wird, ist eine Verwechslung mit Spuren, Losung und Huderstellen von feld- und waldrandbewohnenden Hühnervögeln wie dem Rebhuhn und dem Fasan weitgehend ausgeschlossen. Trotzdem können Rebhühner – wenn auch selten – auf Kahlschlägen im Wald auftauchen und andererseits Haselhühner aus ständig besiedelten Wäldern in Hecken und kleine Feldgehölze vordringen.

Die **Kotwürste** (oder Walzenkot, getrocknet 2,0-2,6 x 0,6 cm) des Haselhuhns sind deutlich kleiner als die von Auer- und Birkhuhn. Im Winterhalbjahr sind sie leicht gekrümmt (s. S. 63). Die Kotwürste von Hahn und Henne sind annähernd gleich groß. Winter- und Frühjahrslosung kann gelb und strukturenarm sein, wenn die Vögel vor allem Kätzchen von Hasel, Birke oder Erle zu sich nehmen. Blinddarmkot ist als Klecks am Boden oder auf dem Sitzast zu finden und wird meist nur einmal pro Tag am Ende einer Ruhephase ausgeschieden. In Schneehöhlen wird er oft vor dem Verlassen über die gehäufte Walzenlosung abgesetzt.

Da Haselhühner gern Randstrukturen (Grenzlinien) aufsuchen, um die dort höhere Artenvielfalt an Pflanzen und Insekten zu nutzen, lohnt es sich, hier nach Kot und anderen Zeichen Ausschau zu halten. Gehäuft tritt Kot unter Schlafbäumen auf. Im Tauschnee sind die typischen braunen Flecke leicht zu finden.

Wie auch andere Hühnervögel gibt die Henne während der Bebrütungsphase Kot weder im Nest noch in seiner Nähe ab, sondern produziert in den Brutpausen bis zu einige hundert Meter vom Nest entfernt die große knollige **Brutlosung**, die etwa die Größe des Haselhuhneies erreicht und durch Harnsäure an einem Ende weiß gefärbt ist. Findet man solche Losung in einem Haselhuhnrevier, so ist das als indirekter, aber verlässlicher Brutnachweis zu werten.

Beliebt sind Huderpfannen im trockenen Sand.

In dieser Huderpfanne hat der Vogel geruht und Kot hinterlassen.

Im Winter, wenn die Vögel Kätzchen fressen, ist der Kot fest und gelblich.

In offener Schneegrube hat ein Haselhuhn übernachtet und viel Kot hinterlassen.

In einer geöffneten Schneehöhle sieht man Kot und Pickspuren des Vogels.

Wenn im Sommer die Blaubeeren reifen, kann der Walzenkot weich und blau sein.

Die sommerliche Blinddarmlosung ist schmierig und formlos.

Die Laufspur ist wenig geschränkt. Typisch sind die kreuzförmigen Fußabdrücke.

Haselhuhnkot wird von den Findern oft mit dem von Ringeltauben verwechselt. Taubenkotstücke sind jedoch viel stärker gekrümmt, dünner und schleimiger als Hühnerkot, meist auch grauer, und enthalten weniger Pflanzenfasern. Die Kotstücke vom Schwarzspecht können ähnlich sein, bestehen aber bei weißer, brüchiger Hülle vorzugsweise aus Resten von Ameisen.

An eintrocknenden Pfützen auf Waldwegen kann man im Schlamm, zur Winterzeit im Schnee die bezeichnenden **Fußabdrücke** der Haselhühner finden. Typisch ist die Größe: Die Spanne zwischen den Spitzen von Vorder- und Hinterzehe mit Kralle misst 5 cm, diejenige zwischen den Spitzen der beiden Seitenzehen etwas weniger: 4,3 bis 4,5 cm (s. S. 65). Bei sehr feinkörnigem Untergrund bilden sich die seitlichen Zehenstifte der Zehen ab, sie sind aber vor der Vollmauser im Sommer durch Abnutzung verkürzt und erst nach der Mauser, bei der sie ebenfalls erneuert werden, wieder gut ausgeprägt.

Auch Haselhühner baden gern in lockerem Bodensubstrat wie Sand, Staub, Asche oder Mulm. Dabei entstehen die charakteristischen Ausmuldungen. Haselhühner baden mindestens in der warmen Jahreszeit täglich, am häufigsten bei Sonnenschein und in den Mittagsstunden. Sie bevorzugen trockene Plätze, die ihnen gleichzeitig Deckung und Aussicht gewähren, andererseits bei Gefahr raschen Abflug. Beliebt sind sandige Stellen an Wegböschungen unter Überhängen. Offenen Boden finden und nutzen sie auch gerne dort, wo der Wind einen Baum umgestürzt hat und der Wurzelteller hochgekippt liegen bleibt. Kennzeichnend sind an solchen Plätzen runde Mulden von etwa 15 cm Durchmesser im aufgelockerten Untergrund. Man kann an geeigneten Stellen in einem Haselhuhnrevier solche **Sandbadekuhlen** auch künstlich vorformen. In einer Haselhuhnpopulation im Böhmerwald sind die Huderpfannen über Jahrzehnte hin alljährlich mit Gewinn für die Nachweise der Vögel benutzt worden. Die Sandbadeplätze werden immer wieder aufgesucht. Man kann ihre Benutzung durch Spuren, Federfunde und experimentell durch Einlegen eines kleinen Ästchens nachweisen. Ist dieses Ästchen bei der nächsten Kontrolle entfernt, so hat es der Vogel wahrscheinlich beim Benutzen des Sandbades hinausgeworfen. In oder neben den Sandbadestellen kann man häufig Mauserfedern und Losung finden. Während der Aufzuchtzeit besucht die Henne solche Sandbadestellen gemeinsam mit ihren Küken. Dann findet man die große Kuhle der Mutter und ringsum verteilt die kleinen der Küken (s. S. 72 r. u.). Die moderne Forschung erhält heute präzise Bildinformation durch Einsatz von Fotofallen an Huderplätzen.

In kalten Winterphasen bei hohem Pulverschnee graben sich Haselhühner, ebenso wie es andere Raufußhühner tun, jeweils nur einmal benutzte **Schneehöhlen** für ihre nächtliche Ruhepause. Außerdem sei noch auf die Funde von **alten Nestern** und **Eischalen** hingewiesen, die sich exakt bestimmen lassen.

Wenn der Schnee taut, verlieren die Fußabdrücke ihre Kontur.

Im Tiefschnee kann das kleine Raufußhuhn immer noch laufen. Beim Einbrechen in die Schneedecke drückt sich der Körper ab.

Die Partner hinterlassen oft parallele Laufspuren.

Selten sind die Fußabdrücke in einer austrocknenden Pfütze auf einem Weg zu entdecken.

Im Sommer (links) sind die Zehen schmal und ohne Zehenstifte, die erst bei der Mauser im Spätsommer (rechts) neu wachsen.

Im präparierten Fuß eines Vogels aus dem Frühjahr kann man die Zehenstifte erkennen. Die Zehen sind hier zu eng gestellt.

Auerhuhn *Tetrao urogallus*

Die **Fußabdrücke** kann man im Schnee, seltener im Schlamm finden. Sie sind die größten Abdrücke, die ein in Mitteleuropa heimischer Hühnervogel hinterlässt. Sie erlauben nach den Abmessungen die Unterscheidung der Geschlechter: **Hahn** etwa 12,5 cm x 11 cm; bei Junghähnen etwas kleiner, **Henne** etwa 9,5 cm x 9 cm.

Bei einem frischen Abdruck in feinkörnigem Untergrund kann man besonders gut die seitlichen Zehenstifte erkennen, die aber im Jahreslauf abgenutzt und bei der Mauser im Sommer erst wieder erneuert werden.

Da Auerhühner im Sommer vorwiegend Zwergsträucher nutzen, wird man kaum **Spuren von Verbiss** nachweisen können. Anders im Winter, wenn sie in den Wipfeln von Kiefern oder Fichten äsen. Sie wählen häufig ganz bestimmte Bäume aus, vielleicht weil die Relation zwischen enthaltenen Nährstoffen und Abwehrstoffen für sie hier besonders günstig ist. An solchen Lieblingsbäumen können Äste und der ganze Wipfel durch die Tätigkeit der Vögel stark gelichtet sein.

Kot: Der Größenunterschied der Walzenlosung erlaubt bei Altvögeln meist eine Unterscheidung der Geschlechter (Durchmesser beim Hahn 10 bis 12 mm, bei der Henne 8 bis 9 mm, Längenvariation beträchtlich, da die Kotstücke unter Schlafbäumen meist als Bruchstücke gefunden werden. Die Exkremente einjähriger Tiere können zu Verwechslungen Anlass geben. Noch wesentlich kleiner ist die Losung von diesjährigen Jungvögeln verschiedenen Alters. Da kleine Küken sich vorwiegend von Insekten ernähren, sollte man in ihrer Losung Chitinreste finden. In der Zeit von Ende Mai bis September geht die dann fladenförmige Losung auf das Verzehren von Beeren, Blüten und Blättern zurück.

Staubbade- oder Huderplätze werden auf trockenem Untergrund angelegt, in Sand, Mulm, Nadelstreu, sogar zuweilen in der Asche von Feuerstellen. Sie werden häufig gewechselt. Die besonders großen Mulden der Hähne (>50 cm Durchmesser) sind von denen der Hennen (Durchmesser <30 cm) meist zu unterscheiden. Dort gefundene Federn geben Hinweise auf Geschlecht und Alter der Vögel sowie Parasitierung und auf die Intensität des Staubbadens in Abhängigkeit von Jahreszeit und Wetter. Für die Identifizierung der Federn wird auf die entsprechende Literatur verwiesen.

Um zu übernachten, müssen die Vögel aufbaumen. Solche **Nächtigungs- und Ruheplätze** sind immer durch größere Mengen an Kot markiert. Insbesondere die winterliche Walzenlosung, wenn die Vögel sich von Kiefern- oder Fichtennadeln ernähren, hält sich lange, bis in den nachfolgenden Sommer. Die Anzahl der Kotstücke entspricht der Aufenthaltsdauer (in der kalten Jahreszeit 1 Stück Walzenlosung in etwa 12 min). Die Wahl der Plätze ändert sich im Jahresverlauf. Interessant sind auch die Nächtigungsplätze im Schnee, wobei die Art der Anlage, die Abhängigkeit von der Schneequalität, das Mikroklima in den Schneehöhlen und Geländefaktoren studiert werden können.

Die gut versteckten Nester werden oft am Stammfuß im Schutz von Zwergsträuchern angelegt.

Bei der Bodenbalz markiert und verteidigt der Auerhahn ein relativ kleines Revier auf dem Gemeinschaftsbalzplatz.

Die Fußabdrücke des Auerhuhns bei gemächlichem Gang sind perlschnurartig aneinandergereiht.

Im lockeren Schnee sind vom Fußabdruck nicht viele Details sichtbar. Die Form ist aber unverwechselbar.

Mehr Einzelheiten sieht man im feinkörnigen feuchten Untergrund (Auerhenne).

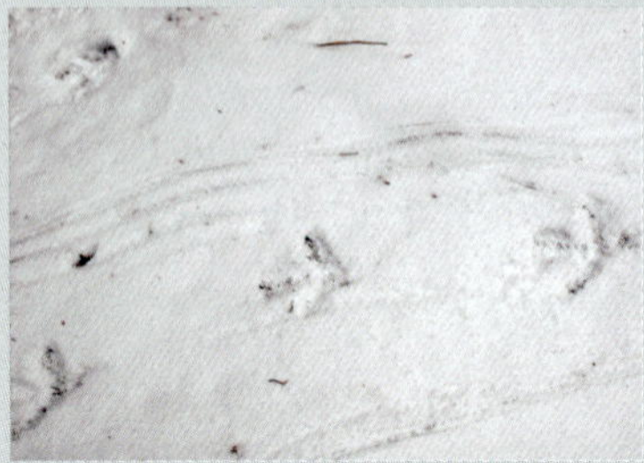

Der balzende Hahn ist mit schleifenden Schwingen über den Balzplatz gelaufen.

Der Kiefernwipfel ist durch den Verbiss der Hühner aufgelichtet.

Die frische Auerhuhnlosung trägt noch den Überzug von Harnsäure.

Die alte Auerhuhnlosung ist trocken und geruchlos.

Wenn im Sommer die Heidelbeeren reifen, wird die Losung weich und farbig.

Die Brutlosung der Henne ist knollenförmig und hühnereigroß.

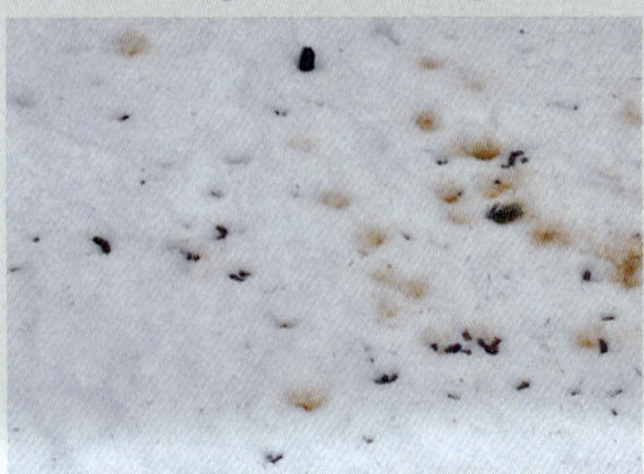

Unter dem Schlafbaum liegt viel Losung im Schnee.

Die Henne nimmt mit gesträubtem Gefieder ein Sandbad (Gehegeaufnahme).

Nach dem Staubbad ist in der Huderpfanne eine Schwanzfeder der Auerhenne zurückgeblieben.

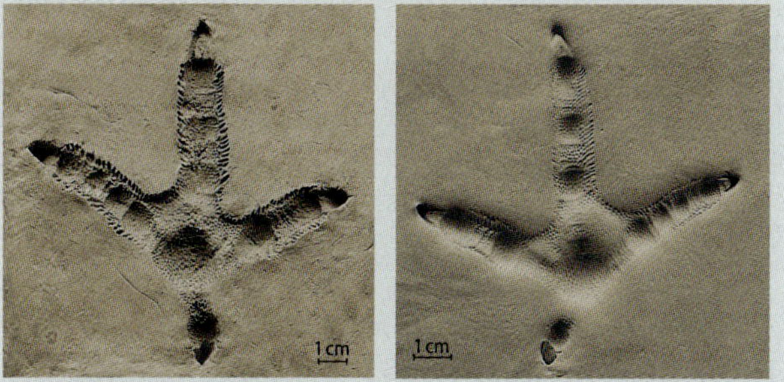

Fußabdrücke von Hahn und Henne. Bei dem Abdruck der Henne (rechts) sind die Zehenstifte fast ganz abgenützt.

Birkhuhn *Tetrao tetrix*

Die Fußspuren (♂ 7,5 x 5,5 cm, ♀ 6 x 5 cm) sind deutlich kleiner als beim Auerhuhn. Auch Birkhühner hinterlassen kurvenreiche Spuren, wenn sie z.B. aus dem Schnee ragende Heidelbeer- oder Ebereschentriebe verbeißen. **Schneehöhlen** treten bei günstiger Schneelage und kalten Temperaturen oft gehäuft auf, da sich die Mitglieder der Wintergruppen meist in der Nähe der Nahrungsbäume in den Schnee eingraben. Jede Schneehöhle wird nur für eine Nacht benutzt. Bei geringer Schneedecke nächtigen die Hühner nicht selten in nach oben offenen Schneegruben oder auf Bäumen.

Bei frischer **Walzenlosung** sind die Unterschiede zwischen den Geschlechtern gering und im Feld kaum zu erkennen:
Männchen: Länge 2,4 cm (2,2 bis 3,2), Dicke 0,95 (0,81 bis 1,35);
Weibchen: Länge 2,3 cm (2,1 bis 2,4), Dicke 0,77 (0,75 bis 0,81).

Nach diesen Daten kann man also die Losung der Henne am ehesten an der geringeren Dicke, nicht jedoch an der Länge erkennen. Gelegentlich nächtigen Birkhühner auch in der schneefreien Periode am Boden in Gras oder Heide, wo der hinterlassene Kothaufen, oft mit Blinddarmlosung überdeckt, den Nächtigungsplatz markiert.

Die **Nächtigungs-** und **Ruheorte** sind immer durch den hinterlassenen Kot markiert. Die Anzahl der Exkremente entspricht der Anwesenheitsdauer: ein Stück Walzenkot wird etwa alle 10 min abgegeben. In einer langen Winternacht kommt in einer Schneehöhle eine Menge an Kot zusammen, je nach Länge der Nacht 18 bis 90 Stücke. Obenauf liegt oft noch der Blinddarmkot. Man findet solche Kotanhäufungen im Sommer auf, ohne von den winterlichen Verhältnissen etwas zu ahnen. Die Wahl der Ruhe- und Schlafplätze ändert sich im Jahresverlauf. In der schneefreien Zeit verbringen die Vögel die Nacht meist in Nadelbäumen, entweder in mittlerer Höhe abseits vom Stamm oder in Deckung unter den untersten Ästen am Boden. Im Gegensatz zu den Schneehöhlen ist dann die Losung unter dem Baum breiter gestreut, wenn der Vogel oben übernachtet hat. Auf den Wipfeln der Moorkiefern am Balzplatz rasten die Hühner zur Balzzeit häufig. Die Äste und Zweige sind dadurch oft kahl und deformiert.

Sandbadeplätze scheinen einer geringeren Tradition zu unterliegen als z. B. beim Haselhuhn. Trotzdem sind sie – oft mit Mauserfedern oder Kot – wichtige Nachweisorte.

Wie alle Raufußhühner sind Birkhühner an Schnee und Kälte angepasst. Im Bild eine Birkhenne.

Im Winter spielt die Nahrungsaufnahme auf Birken eine wichtige Rolle. Im Bild ein Hahn.

Spuren im Schnee führen durch den winterlichen Lebensraum (Schweden).

Am gemeinschaftlichen Balzplatz, hier im Aletschgebiet (Schweiz), bildet sich das Verhalten der Hühner im Schnee ab.

Auch im tiefen Schnee kann man die kreuzförmigen Spuren der Hühner erkennen.

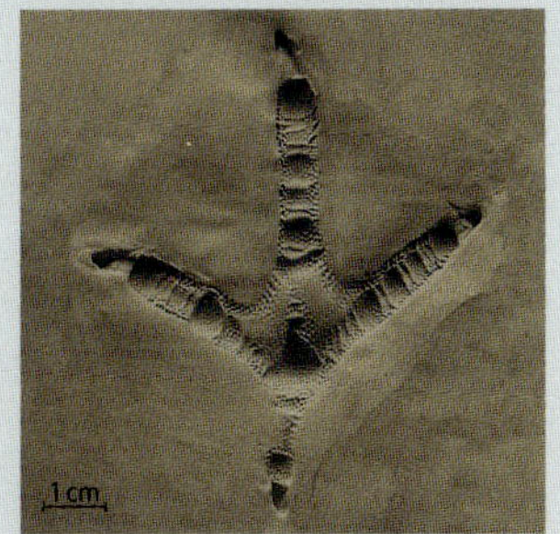

Im künstlichen Abdruck kann man alle Feinheiten einschließlich der Zehenstifte wahrnehmen.

Am Balzplatz zeigt der deformierte Kiefernwipfel die häufige Anwesenheit der Vögel.

Besetzte und verlassene Schneehöhlen

In der offenen Schneegrube hat ein Birkhuhn eine Nacht zugebracht und Kot hinterlassen.

Auf dem im Sommer ausgetauten Haufen von Walzenkot liegt verwitterter Blinddarmkot.

Die am Ende der Nacht verlassene Schneehöhle lässt sowohl den Eingang als auch die Stelle erkennen, an der der Vogel sie nach oben durch die Schneedecke verlassen hat.

Abseits vom Nest setzt die brütende Birkhenne die knollenförmige, eigroße Brutlosung ab.

Hier kann man den Walzenkot und die Brutlosung der Henne vergleichen.

Birkhenne mit Küken im Sandbad, kleine Mulden um die der Henne gelten als Nachweis erfolgreicher Fortpflanzung.

Lappentaucher – Podicipedidae

Haubentaucher *Podiceps cristatus*

Rothalstaucher *Podiceps grisegena*

Zwergtaucher *Tachybaptus ruficollis*

Der Haubentaucher gehört zu den Lappentauchern. Seine Zehen sind nicht mit Schwimmhäuten untereinander verbunden wie bei den Seetauchern, bei Enten, Gänsen und Verwandten und bei den Möwen und Seeschwalben. Vielmehr sind sie nur lappig verbreitert, jedoch nicht mehrteilig wie beim Blässhuhn (s. S. 107). Da der Haubentaucher und seine Verwandten spezialisierte Schwimm- und Tauchvögel sind, steigen sie nur selten auf festen Boden und man wird wenig Gelegenheit haben, ihre Fußabdrücke oder sonstige Hinterlassenschaften zu finden.

Der Haubentaucher ist der größte Lappentaucher in Mitteleuropa.

Der Rothalstaucher kommt zur Brutzeit nur lokal in Norddeutschland vor.

Der Zwergtaucher als kleinster Lappentaucher bevorzugt auch die kleinsten Gewässer zum Brüten.

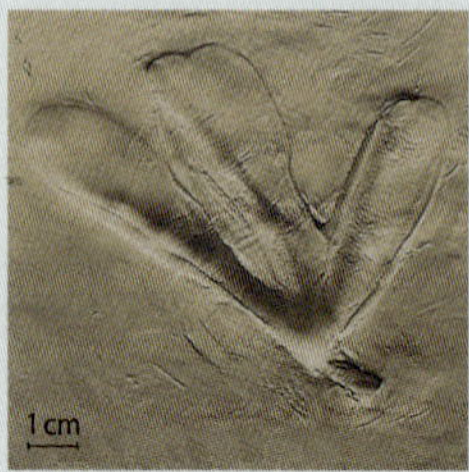

Der Fußabdruck des Haubentauchers macht deutlich, was mit Lappentaucher gemeint ist.

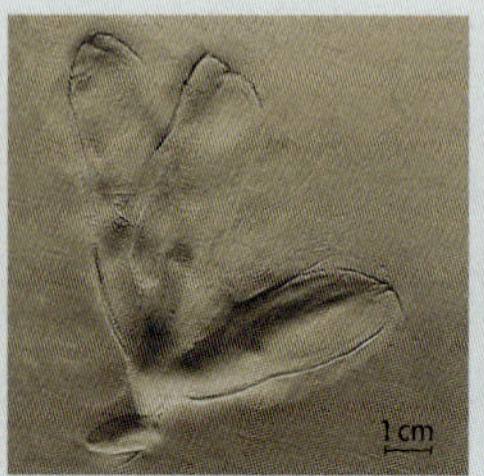

Auch beim Rothalstaucher sind im Fußabdruck alle vier Zehen lappig verbreitert.

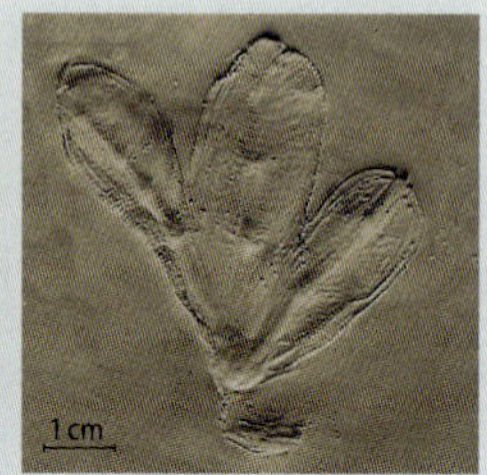

Beim Zwergtaucher sind die Zehenlappen relativ breiter als bei den anderen Arten, aber der Abdruck ist kleiner.

Seetaucher – Gaviidae

Seetaucher sind nicht näher mit den Lappentauchern verwandt. Das sieht man schon an den Fußabdrücken, bei denen die drei Vorderzehen durch voll ausgebildete Schwimmhäute miteinander verbunden sind – so wie bei den Entenvögeln und etlichen anderen Wasservögeln. Lappentaucher dagegen haben getrennte Zehen mit lappigen Verbreiterungen (s. oben).

Der Prachttaucher ist im Prachtkleid mit kontrastreichen Färbungsmustern versehen.

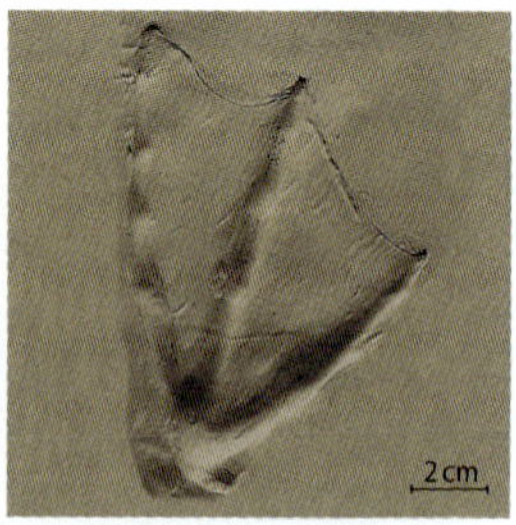

Im Vergleich zu den Lappentauchern erinnert der Fußabdruck eines Prachttauchers eher an Entenvögel oder Möwen, wirkt aber relativ schmal.

Basstölpel – Sulidae

Basstölpel *Sula bassana, Morus bassanus*

Bei Tölpeln sind am Fuß vier Zehen miteinander durch Schwimmhäute verbunden – genauso wie bei Kormoranen und Pelikanen. Man wird aber wenig Gelegenheit haben, die Fußspuren von Basstölpeln aufzufinden, weil sie sich entweder auf dem offenen Meer oder im Brutfelsen aufhalten und dort keine Fußspuren hinterlassen. Basstölpel schleppen oft Netzreste der Fischer aus dem Meer in die Brutfelsen (auf Helgoland), worin sich immer wieder Tölpel und andere Seevögel verfangen und elend umkommen.

Die Lange Anna vor der Steilküste von Helgoland ist ein bevorzugter Brutplatz von Basstölpeln.

Die Vögel sind teilweise aus geringer Entfernung zu beobachten: hier ein ausgefärbter Altvogel.

Beim Basstölpel und seinen Verwandten sind vier Zehen durch Schwimmhäute miteinander verbunden.

Altvögel bringen Netzreste als Nistbaumaterial vom offenen Meer mit. Hierin verfangen sich viele Vögel und gehen elend zugrunde.

Kormorane – Phalacrocoracidae

Kormoran *Phalacrocorax carbo*

Kormorane geben als Wasservögel und Fischfresser einen weißen flüssigen **Kot** ab. Man findet sowohl an den Baumnestern in den Kolonien als auch an den in Bäumen gelegenen Gemeinschafts-Schlafplätzen, die diese Vögel benutzen, Massen von Harnsäure, die ganze Baumkronen weiß färben. Wegen der ätzenden Wirkung des Kots sterben viele benutzte Bäume im Lauf der Zeit ab. Auch die Bäume der Brutkolonien brechen eines Tages zusammen. In diesen Kolonien stehen die aus grobem Reisig zusammengesetzten Nester, oft gleich mehrere auf einem Baum. Sie sind kleiner als die Nester von Graureihern, größer als die von Saatkrähen. An Küstenfelsen sammelt sich oft viel Kot von Wasservögeln wie Krähenscharben und Möwen, das heißt, an solchen Stellen fällt viel Stickstoff an. Hier gedeiht die orangefarbene Flechte *Xanthoria*. Man sagt, sie sei ornithokoprophil, das heißt, sie liebt den Vogelkot.

Da die Vögel beim Tauchen mit den Füßen rudern, haben sie Schwimmhäute zwischen den Zehen entwickelt. Im Gegensatz zu sämtlichen Schwänen, Gänsen und Enten sowie den mit Schwimmhäuten ausgestatteten Möwen, Seeschwalben und Watvögeln sind bei ihnen nicht nur drei, sondern alle vier Zehen durch drei Schwimmhäute miteinander verbunden. Das wirkt sich auch in der Gestalt der **Fußabdrücke** aus, die man im Schlamm oder Sand an einem Bodenrastplatz von Kormoranen finden kann. Die Innenzehe ist die kleinste, sie steht etwa im rechten Winkel zur Mittelzehe. Fuß und Krallen müssen auch geeignet sein, den Vogel auf einem Ast im Baum festzuhalten.

Der abgegebene Kot ist flüssig und besteht vorwiegend aus Harnsäure, die beim Abbau von Protein gebildet wird.

An gemeinschaftlichen Ruhe- und Brutplätzen hinterlassen sie viel Kot und schädigen damit die Vegetation.

Diese Kiefer ist ebenfalls längere Zeit von Kormoranen benutzt worden.

Unter dem Rastplatz findet sich hin und wieder ein Speiballen aus Fischknochen.

Im Fußabdruck eines Kormorans ist auch die Hinterzehe (rechts) in den Ruderfuß einbezogen.

Der Vogel hinterlässt auf dem Eis kaum eine Trittspur, wohl aber Kot.

Die Krähenscharbe bewohnt Küstenfelsen und hinterlässt dort viel Kot.

Die orangefarbene Flechte *Xanthoria* spec. gedeiht dort, wo sie viel Stickstoff aus Vogelkot vorfindet.

Reiher – Ardeidae

Von den Reihern findet man **Fußspuren** im Schlamm, Sand oder Schnee. Sie zeichnen sich durch ihre Größe aus und dadurch, dass drei lange dünne Zehen nach vorn zeigen und eine ebenfalls lange nach hinten – eine Anpassung an das Gehen auf weichem Untergrund. Ebenso wirkt die kleine Schwimmhaut zwischen Mittel- und Außenzehe. Ferner ist die Hinterzehe gegenüber der Mittelzehe etwas nach innen versetzt. Die Außenzehe bildet mit der Mittelzehe einen Winkel von etwa 45°, der Winkel mit der Innenzehe liegt bei 60°. Die Länge des Fußabdrucks kann 16 cm erreichen. Der Fußabdruck wirkt schlanker als derjenige eines Kranichs (s. S. 106), der eher kreuzförmig erscheint. In der Laufspur liegen die Fußabdrücke bei Reihern recht genau auf einer Linie, weichen also kaum nach rechts und links von einer gedachten Mittellinie ab. In Anpassung an das Klettern im Schilf ist bei Dommeln die Hinterzehe relativ länger als bei Reihern: Bei einer Zwergdommel erreicht sie zwei Drittel der Länge der Vorderzehe, beim Graureiher nur die Hälfte.

Im Fußabdruck des Graureihers kann man wie bei den anderen Reihern zwischen Mittel- und Außenzehe eine kleine Schwimmhaut entdecken.

Der Fußabdruck des Silberreihers ist etwa so groß wie der des Graureihers.

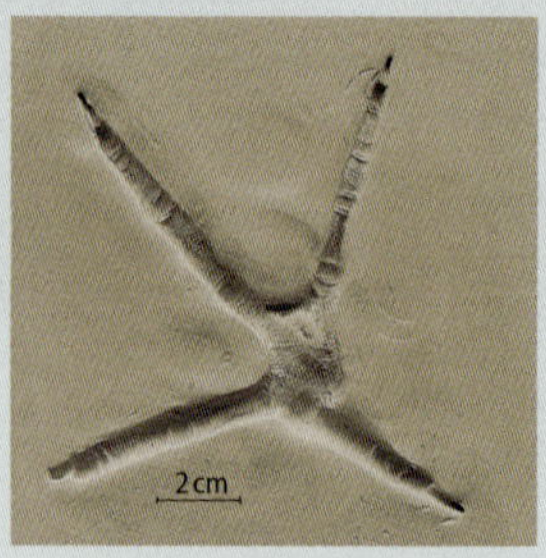

Der Fußabdruck des Seidenreihers ist kleiner und zarter als der des Silberreihers.

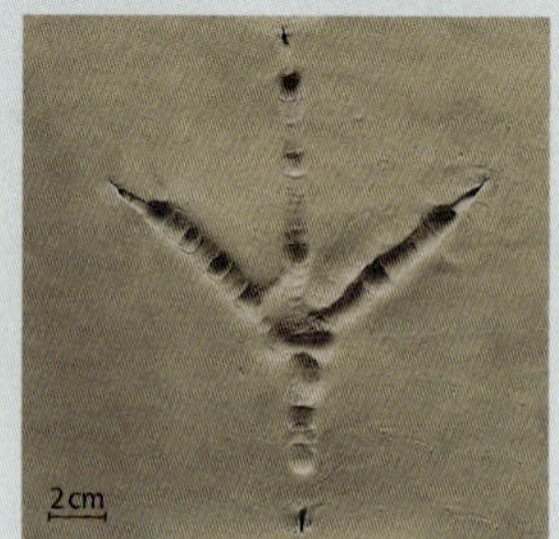

Fußabdruck der Rohrdommel

Graureiher *Ardea cinerea*

Die **Fußabdrücke** des Graureihers zeigen meist vier lange schlanke Zehen. Die Zehen sind weniger breit als beim Kranich und den Störchen. Die Länge des Fußabdruckes variiert zwischen 13 und 17 cm, seine Breite zwischen 8 und 9 cm. Die Krallenabdrücke sind klein und stumpf. Die Kralle der Mittelzehe ist etwas nach innen gebogen und kammartig entwickelt (Putzkralle), was man aber nur bei sehr feinem Untergrund im Fußabdruck sehen kann. In der Laufspur des Graureihers stehen die Fußabdrücke ohne Schränkung sehr genau auf Linie hintereinander. Beim Silberreiher sind die Fuß- und Laufspuren ähnlich wie beim Graureiher. Die Fußspuren des als seltener Gast auftretenden Seidenreihers sind kleiner als die der beiden anderen Reiherarten.

Vom Graureiher erbeutete Fische und Kleinsäuger werden im Allgemeinen unzerteilt verschluckt. Der Kot des Graureihers ist wie bei anderen fleischfressenden Arten weiß und flüssig. Die Knochen der Beutetiere werden verdaut. Reiher erzeugen durch ihre Größe auch große Kotflecken, größer als z. B. Möwen. Sie lassen sich am besten identifizieren, wenn man die Fußabdrücke daneben findet.

Graureiher bilden **Gewölle**, besonders dann, wenn sie sich viel von Maulwürfen, Wühlmäusen und Spitzmäusen ernähren. Manchmal findet man darin auch Chitinreste, wenn sie Insekten gefressen haben. Die Gewölle sind groß und unregelmäßig geformt. Man findet sie in der Brutkolonie oder an Schlafplätzen, auch einzeln in der Landschaft, wo die Vögel Beute gemacht oder gerastet haben. Für den Silberreiher dürfte Ähnliches gelten.

Graureiher ernähren sich hauptsächlich von Kleinsäugern, bei Gelegenheit auch von Fischen.

Der Kot des Fleischfressers ist weiß und flüssig. Die Kotflecken sind groß, wie der Vergleich mit den Schalen der Wandermuschel *Dreissena* mit etwa 3 cm Länge nahelegt.

Im Schnee drücken sich alle vier Zehen ab.

Reiher gehen genau auf Linie.

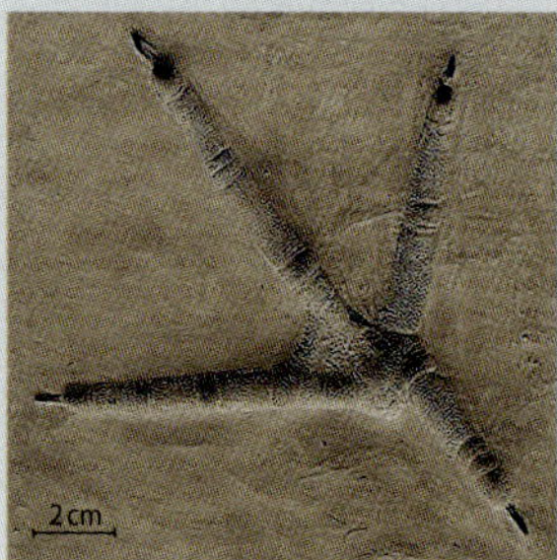

Die Hinterzehe ist bei Reihern gegenüber der Mittelzehe seitlich etwas versetzt.

Dieses 7 cm lange Gewölle eines Graureihers besteht aus Mäusehaar.

Die große Laufspur ist vom Graureiher, die kleine wahrscheinlich vom Seidenreiher.

Störche – Ciconiidae

Weißstorch *Ciconia alba*

Schwarzstorch *Ciconia nigra*

Weißstörche bauen ihre umfangreichen Nester hauptsächlich auf Wohnhäusern in ländlichen Gebieten, Schwarzstörche nisten im Wald auf starken Bäumen oder in Felswänden.

Die **Fußabdrücke** beider Störche sind etwa gleich groß. Sie zeichnen sich gegenüber denjenigen des Kranichs und der Reiher durch deutlicher entwickelte Schwimmhäute an der Basis aus, von denen die äußere stärker als die innere ausgebildet ist. Beim Schwarzstorch, der sehr häufig in Binnengewässern watet und Fische fängt, sind diese Schwimmhäute noch etwas stärker als beim Weißstorch. Im Vergleich zu den Reihern sind die Zehen viel breiter, die Hinterzehe ist kürzer, häufig ist davon im Fußabdruck nur die Spitze zu sehen, Krallen sind nicht zu erkennen. Der gesamte Fußabdruck kann mehr als 13 cm lang und 11 cm breit sein. Die Winkel zwischen der Mittelzehe und den beiden seitlichen Vorderzehen liegen bei ungefähr 55°. Siehe auch Kranich (s. S. 105).

Die **Speiballen** der Störche sind groß und eiförmig, manche auch unregelmäßig geformt. Beim Weißstorch bestehen sie hauptsächlich aus dunkelgrauen Haaren von Kleinsäugern; darin sind auch oft Reste von Insekten enthalten. Die Knochen der verzehrten Wirbeltiere werden weitgehend verdaut. Da Schwarzstörche relativ wenig Kleinsäuger zu sich nehmen, spielen Speiballen bei ihnen eine geringe Rolle.

Der umfangreiche Horst ist der Mittelpunkt des Storchenlebens. An ihm wird alljährlich weitergebaut.

Der Speiballen eines Weißstorches wird hauptsächlich aus Mäusehaaren gebildet und ist etwa 5 cm lang.

Der Schwarzstorch scheucht seine Fischbeute im flachen Wasser auf.

Der Schwarzstorchhorst wird in abgelegenen, ungestörten Wäldern errichtet.

Am Bachufer kann man Fußabdrücke des Schwarzstorchs im Flachwasser finden.

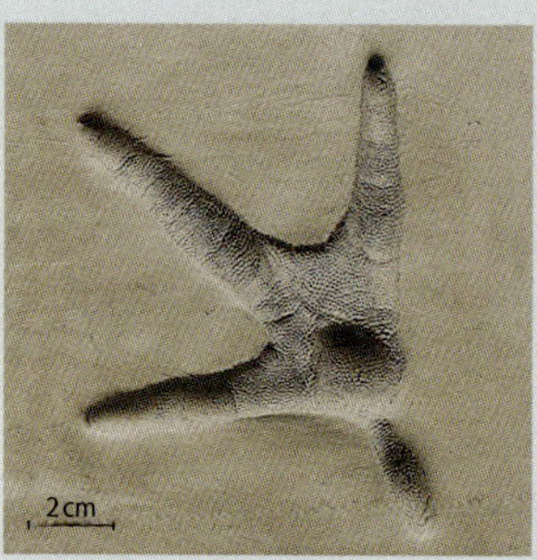

Der Fußabdruck eines Weißstorchs lässt Andeutungen von Schwimmhäuten zwischen den Zehen erkennen.

Zum Vergleich

Schwarzstorch

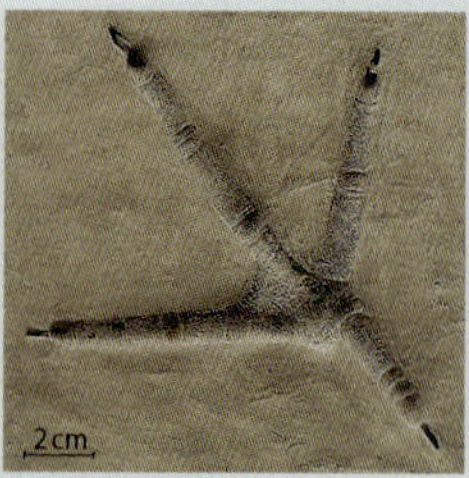

Graureiher

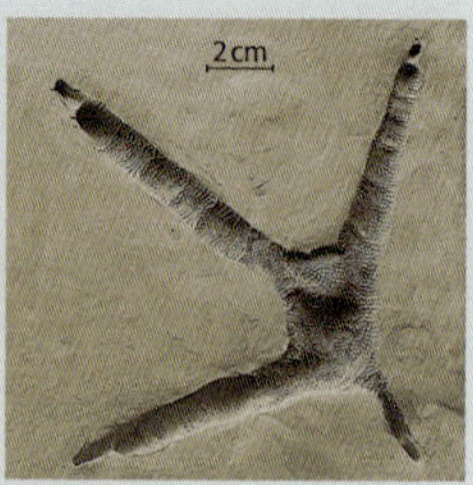

Kranich

Fischadler – Pandionidae

Fischadler *Pandion haliaetus*

Fischadler verzehren die von ihnen erbeuteten Fische meist auf einer erhöhten Warte, einem Pfosten oder Baum. Daher wird man wenig Gelegenheit haben, ihre Fußspuren zu finden, bei denen zwei Zehen nach vorn, zwei nach hinten weisen. Wo sie gekröpft haben, finden sich oft Skelettreste und Schuppen von Fischen, weiße Kotspritzer, manchmal auch ein Speiballen.

Beutereste des Fischadlers – vor allem Reste von Fischen und Kot – finden sich oft am Boden unter einem frei stehenden Pfosten oder Mast unweit eines Gewässers.

Im Speiballen eines Fischadlers sind oft Fischschuppen enthalten.

Ein Fischadler trägt den erbeuteten Fisch zu seinem Baumhorst auf einer alten Kiefer.

Habichtverwandte – Accipitridae

Vorbemerkungen

Greifvögel sind Beutegreifer und hinterlassen in vielen Fällen Reste ihrer Mahlzeit, aus denen man die Zusammensetzung ihres Nahrungsspektrums ersehen kann. Die Vögel können aber auch selbst zum Opfer von Windkraftanlagen, Anflug an Glasscheiben, Vergiftung mit Blei und anderen Einflüssen werden. Sie stellen dann wie jeder tote Vogel Hinterlassenschaften ihrer selbst dar.

Nicht selten findet man eine frischtote Spitzmaus im Garten oder auf einem Weg. Für viele Beutegreifer sind diese Tiere ungenießbar. Sie erbeuten sie zwar, lassen sie dann aber liegen oder fallen. Ob der Urheber ein Greifvogel, eine Eule, eine Katze oder ein anderer Beutegreifer war, kann man der Spitzmaus nicht ohne weiteres ansehen.

Während Eulen ihre Beutetiere meist unzerteilt verzehren und Haare, Federn, Knochen und Chitinteile in Gewöllen wieder ausstoßen (s. S. 131), rupfen Greifvögel den erbeuteten Vögeln die Federn aus. Man sieht an den Federn einer Rupfung oft keine Spuren, jedoch manchmal bei genauer Betrachtung einen feinen Knick im Schaft. Hin und wieder hat der rupfende Vogel auch danebengegriffen und ein Stück aus der Fahne der Feder herausgerissen. Manchmal hinterlässt er einen Kotspritzer, eine eigene Mauserfeder oder ein Gewölle bei der Rupfung. Neben den Innereien und dem Kopf ist die kräftige Brustmuskulatur eines Vogels für den Beutegreifer besonders interessant. Im Brustbeinkamm und am Becken eines erbeuteten Vogels treten oft Bissspuren des Greifvogels auf, der den Vogel gefressen hat. Anders als Greifvögel rupfen Säugetiere die Federn ihrer Beutetiere nicht aus, sondern beißen sie ab, so dass die Federn an der Basis verkürzt sind.

Eine von einem Greifvogel ausgerupfte Feder (links) ist meist tadellos erhalten, bei einer von einem Raubsäuger abgebissenen Feder fehlt die Spule. Handschwingen von der Wacholderdrossel

Nur selten reißt der Schnabel des Greifvogels ein Loch in die Fahne der Feder, wie hier bei einer der Oberen Handdecken einer Sumpfohreule.

Der Fund einer Spitzmaus lässt kaum einen Schluss auf den Urheber zu.

Der Brustbeinkamm einer von einem Greifvogel erbeuteten Waldschnepfe zeigt die Bissspuren des Beutegreifers.

Typisches Bild einer Rupfung: Eine Sumpfohreule ist von einem Habicht oder einem anderen großen Greifvogel erbeutet worden.

Bartgeier *Gypaetus barbatus*

Alte Bartgeier zeichnen sich in den meisten Gebieten durch eine orangefarbene Tönung der ursprünglich weißen Gefiederpartien aus. Diese kommt durch Imprägnieren von außen her zustande. Der Vogel badet regelmäßig in eisenhaltigem rotem Schlamm. Er sucht solche **Badestellen**, die an eine Suhle von Wildschweinen erinnern, immer wieder auf. Zoovögel, denen eine solche Bademöglichkeit nicht geboten wird, haben weißes Gefieder.

Bartgeier ernähren sich wie die anderen Geier von Aas, können allerdings auch die von den anderen Arten nicht mehr genutzten Skelettreste noch verwerten. Größere Knochenstücke nehmen sie mit den Fängen auf, tragen sie in die Höhe und lassen sie über einem mit flachen Steinen bedeckten Hang fallen. Auf diese Weise zerteilen sie die Knochen in Stücke, die sie leicht herunterschlucken können. Man kann an solchen Stellen im Hochgebirge liegen gebliebene Knochenstücke finden.

In Anpassung an den Transport von Knochen und anderer Beute ist die nach vorne weisende Innenzehe gekrümmt und kann mit der Hinterzehe zusammen Objekte umfassen und halten. Im Fußabdruck erkennt man die gekrümmte innere Vorderzehe. Der stehende Vogel ruht vorwiegend auf Mittel- und Außenzehe.

Ein Bartgeier imprägniert sich im Farbbad mit rotem Eisenoxid.

Der Röhrenknochen eines Säugetiers ist auf einem Abwurfplatz des Bartgeiers zersplittert worden.

Der Bartgeier vermag einen Knochen mit Innenzehe und Hinterzehe zu fassen und zum Abwurf in die Höhe zu tragen.

Wespenbussard *Pernis apivorus*

Wespenbussarde ernähren sich vor allem von der Brut von Wespen und anderen Hautflüglern und füttern auch ihre Nestjungen damit. Sie graben dafür im Boden die Nester der Insekten aus und lassen ihre Grabspuren zurück. Die Vögel sind dabei durch Bodenfeinde, aber auch durch fliegende Feinde wie Habicht und Steinadler gefährdet, besonders, wenn sie sich in eine tiefere Höhle im Boden eingraben. Man kann also solche ausgegrabenen Bauten von Wespen oder Hummeln mitsamt den Resten der Waben finden; manchmal liegt eine Mauserfeder des Wespenbussards daneben, manchmal auch eine ganze Rupfung oder ein Riss. Auch beim Horst und darin kann man Wabenreste finden.

Vor dem ausgegrabenen Wespennest liegen Waben und zwei Mauserfedern des Wespenbussards.

Auch ohne die bezeichnenden Mauserfedern sprechen die ausgegrabenen Wabenreste für die Tätigkeit des Wespenbussards.

Der Wespenbussard ist ein Spezialist für das Ausgraben der Nester von Hautflüglern und hält sich deswegen oft am Boden auf.

Horste von Wespenbussarden sind oft ein aufeinandergestapelter Blätterzweighaufen. Das Laubmaterial ist auch im Winter noch gut zu erkennen.

Gänsegeier *Gyps fulvus*

Gänse- und Mönchsgeier sind professionelle Aasfresser. Sie können mit ihrem kräftigen Schnabel das Fleisch von den Knochen der Tiere trennen und lassen die Skelette zurück. An diesen können sich dann noch Bartgeier bedienen.

Gänsegeier lassen vom Aas nur das Skelett übrig (Gehege Teberda).

Im Porträt des Gänsegeiers fällt der starke Schnabel auf.

Das bei einem Horst gefundene Gewölle eines Mönchsgeiers besteht aus grauer Wolle, enthält aber auch Knochen.

Dieses Gewölle eines Mönchsgeiers besteht aus Haaren eines großen Säugetiers.

Ein Gänsegeier (rechts) und ein Mönchsgeier haben sich an einer toten Ziege eingefunden.

Steinadler *Aquila chrysaetos*

Steinadler sind heute verbreitete Vögel der Alpen. Sie brüten bis in Höhen von 2000 m entweder in Felswänden oder in großen Bäumen. Hier findet man auch die meisten Beutereste und andere Hinterlassenschaften. Steinadler schlagen häufig große Vögel, Murmeltiere und Gamskitze, verköstigen sich aber auch an Fallwild.

Altvögel erkennt man am dunklen Großgefieder sowie am hellen Oberkopf und Nacken.

Der Jungvogel wird lange Zeit am Horst versorgt, wo sich viele Nahrungsreste finden.

Ein Gamskitz ist vom Adler geschlagen worden.

Nach dem Ausfliegen des Nachwuchses bleiben auf dem Horst Knochen und andere Nahrungsreste.

Ein präparierter Schädel des Gamskitzes zeigt, wo die Krallen des Adlers eingegriffen haben.

Nahrungsreste beim Horst: Schneehase und Alpendohle.

An einem im Winter umgekommenen Rothirsch hat auch der Steinadler gekröpft.

Neben dem Vogelbrustbein liegt ein Gewölle.

Das Gewölle des Steinadlers hat eine Länge von etwa 5 cm. Es besteht hauptsächlich aus Wolle des Murmeltiers.

Die pflanzlichen Anteile im Speiballen dürften behilflich sein, Knochen und anderes Material einzuhüllen.

Habicht *Accipiter gentilis*

Habichte sind rasante Beutegreifer, die ihre Beute häufig aus gedecktem Anflug bodennah schlagen. Vögel werden meist im Versteck gerupft, am Waldrand, im Gebüsch, auf einem Baumstubben im Hochwald. Manchmal rupfen sie einen Vogel auch vom Baum aus, wobei sich die Rupfungsfedern stärker verteilen. Sie beginnen ihre Mahlzeit häufig mit der Brustmuskulatur. Sie hinterlassen danach bei größeren Vögeln außer den Federn häufig das Arm- und Beinskelett, manchmal auch die kompletten Flügel, wie man es sonst vom Wanderfalken (s. S. 104) kennt. Werden sie gestört, kann auch der größte Teil des Beutetiers liegen bleiben.

Der junge Habicht hat seinen Kropf mit dem Brustfleisch der geschlagenen Nonnengans gefüllt.

Von der geschlagenen männlichen Tafelente hat der Habicht zuerst die Brustmuskulatur gefressen.

Reste eines Fasans, wahrscheinlich vom Habicht hinterlassen.

Bei der Rupfung einer Sumpfohreule hat der Habicht eine Visitenkarte in Form von Kot zurückgelassen.

Flügel und Skelettreste des Waldkauzes können ebenfalls auf den Habicht zurückgehen.

Der Brustbeinkamm eines erbeuteten Vogels weist oft Bissspuren auf.

Die Bearbeitung eines Eichelhähers hat der Habicht abgebrochen.

Der Habicht hat die Beine des Eichelhähers verschluckt, sie kommen im Gewölle wieder zutage.

Neben den Gewöllen liegen unter dem Habichtshorst ein Vogelbein und Federn eines jungen Schwarzspechts.

Habichtshorst aus Lärchenzweigen, die oft wie Bindfäden vom Horst herunterhängen. Wie der Mäusebussard begrünt der Habicht zur Brutzeit seinen Horst.

Sperber *Accipiter nisus*

Das ganze Jahr über kann man **Rupfungen** finden, die der Sperber hinterlässt. Im Winter ziehen die Sperber aus den nördlichen Teilen ihres Verbreitungsgebiets ab, sie treten aber bei uns in vermehrter Zahl als Durchzügler und Wintergäste auf. Die Rupfungen, die sie erzeugen, sind meist in Deckung angelegt, an einer Hecke, unter einem Strauch, im Waldbestand, am Waldrand. Meist rupft der Sperber am Boden leicht erhöht, auf einem liegenden Ast, auf einem Baumstubben oder Ähnlichem; seltener rupft er den erbeuteten Vogel vom Baum aus. Im letzteren Fall sind die Federn verstreut, ansonsten oft zu einem gut definierten Haufen vereint. Der Sperber kann, wenn er nicht gestört wird, an einem Platz bleiben und sehr sorgfältig rupfen und fast alle größeren Federn des Vogels und viel Kleingefieder hinterlassen. Meist sind die Federn einzeln ausgerupft, manchmal fasst er bei einem Kleinvogel auch mehrere auf einmal. Das gilt umso mehr für das Kleingefieder. Bisweilen hinterlässt er auch den Schnabel des erbeuteten Vogels, auch Beine und Innereien kann man finden. Nicht selten liegt an einem Rupfplatz nur ein Teil der Rupfung eines Vogels. Der Rest findet sich an anderer Stelle, beispielsweise hundert Meter entfernt. Unter Umständen verteilen sich die Federn eines erbeuteten Vogels auch auf drei Plätze.

Zur Brutzeit finden sich die Rupfungen in der Nähe des Horstes, öfter mehrere an einem Rupfplatz vermischt. Wenn der männliche Sperber das brütende Weibchen und später die Jungen versorgt, rupft er nicht selten den erbeuteten Vogel unvollständig und trägt ihn zum Horst, wo dann die übrigen Federn anfallen. Wenn ein Sperber, was selten geschieht, einen Kleinsäuger erbeutet, lässt er ebenfalls eine kleine aus Haarbüscheln bestehende Rupfung zurück.

Beim heftigen Verfolgen eines Kleinvogels geschieht es nicht selten, dass der Verfolgte und der Verfolger unmittelbar nacheinander an eine Fensterscheibe oder ein ähnliches Hindernis prallen und dabei umkommen.

Der männliche Sperber ist kleiner als das Weibchen und ernährt sich von Kleinvögeln.

Die vom Sperber hinterlassenen Rupfungen, hier von einem Birkenzeisig, liegen meist auf einer etwas erhöhten Stelle, aber doch gedeckt zwischen Büschen oder Bäumen.

An dieser Rupfung einer Amsel hat der Sperber seinen Kot hinterlassen.

Die unter dem Sperberhorst gefundenen Gewölle enthalten Vogelknochen.

Unter dem Horst findet sich auch das, was der Jäger den Schmelz des Greifvogels nennt.

Sperberhorste sind meist klein und aus Lärchen- oder Fichtenzweigen gebaut.

Rotmilan *Milvus milvus*

Im Revier des Rotmilans sind häufig mehrere Ausweichhorste zu finden (vgl. S. 97). Zur Brutzeit tragen die Vögel oft Lumpen, Papier und ähnliche Abfälle ein. Das kann man besonders gut in einem Horst sehen, der durch einen Sturm zum Absturz gebracht worden ist.

Rotmilane ernähren sich vorwiegend von Kleintieren und Aas. Überraschend ist eine durch Film belegte Beobachtung. Diese Vögel nahmen hartschalige Beute mit ihren Fängen auf und ließen sie über hartem Untergrund fallen, so dass die Schalen zerbrachen und die Beute zugänglich wurde. Im beschriebenen Fall handelte es sich um Weinbergschnecken, deren Schalenreste man dann finden kann. Sonst kennt man dieses Verhalten als „shell-dropping" von Möwen (s. S. 122) und Rabenvögeln (s. S. 189).

Brutvorkommen des Rotmilans müssen bei der Planung von Windkraftanlagen weiträumig umgangen werden. Zur Brutzeit dürfen auch dort keine Forstarbeiten durchgeführt werden.

Am Rastplatz streckt sich der Vogel, bevor er losfliegt.

Ein im Sturm abgestürzter Milanhorst zeigt, dass die Vögel auch Müll als Nestmaterial eingetragen haben.

Das Flugbild des Rotmilans über der Kulturlandschaft ist unverkennbar.

Unter dem Horst fanden sich außer der Handschwinge einer nestjungen Ringeltaube auch der Unterkiefer eines Jungfuchses und der Fuß eines Rehkitzes, das vielleicht ausgemäht worden ist.

Der Milan hat auch eine junge Elster erbeutet und gerupft.

Einblick in die Ernährung des Milans: zwei Gewölle und der Schädel einer Schermaus

Unter dem Rotmilanhorst fand sich eine Feldmaus ohne Kopf.

Der Schwarzmilan ist der dunkelbraune Bruder des Rotmilans und ernährt sich viel von toten Fischen und sonstigem Aas.

Horstbaum und Horst des Rotmilans sind streng geschützt.

Schwarzmilanhorste werden oft in Auen angelegt.

Seeadler *Haliaeetus albicilla*

Wie auch andere große Beutegreifer gehen Seeadler oft den Weg des geringsten Widerstands und bedienen sich an Aas. Häufig treffen sie dabei auf Mäusebussarde und Kolkraben. Raben entdecken in vielen Fällen eine große Beute zuerst, können sie aber nicht eigenständig erschließen. Sie rufen dann Artgenossen herbei, was Vertreter anderer Arten anlocken kann. Dabei beteiligen sich auch die Seeadler.

Bei der Jagd geschieht es nicht selten, dass ein Wildtier angeschossen und nicht erlegt wird. Es kann dann später eingehen und fällt in der Landschaft

Weißer Schwanz, gelber Schnabel, starke Fänge: ein alter Seeadler

Bei den halbwüchsigen Seeadlern im Horst findet sich ein Vorrat an Fisch.

Der fast ausgewachsene junge Seeadler bedient sich selbst am Fischvorrat.

Unter dem Horst sammeln sich verschiedene Beutereste an, darunter ein Hecht.

Die Gewölle des Seeadlers sind groß: hier zwei Gewölle, die sich aus Federn zusammensetzen.

Diese Gewölle enthalten nur Säugetierhaare, vielleicht von Aas.

als Aas an. Das Opfer trägt jedoch Reste der Bleigeschosse oder Bleischrot in sich, teils in kleinen Partikeln in den Organen verteilt. Das Gleiche gilt für den so genannten Aufbruch, einen Teil der Innereien eines erlegten Wildtiers, den der Jäger zurücklässt. Das Blei wird von den Aasfressern mit aufgenommen. Es wirkt vom Magen aus als schweres Zellgift im Organismus. Viele Seeadler, die sterbend oder tot aufgefunden werden, sind an Bleivergiftung erkrankt oder gestorben. Obwohl es genügend andere brauchbare Munition gibt, wird von wenig einsichtigen Jägern immer noch Bleimunition in die Umwelt verschossen. Auch Steinadler, Bartgeier und andere große Greifvögel sind davon betroffen. Eine andere heute stets zunehmende Bedrohung geht von Windkraftanlagen aus. Die Anzahl der in Deutschland von solchen Energieanlagen erschlagenen Seeadlern übersteigt schon hundert. Bei der Planung solcher Anlagen soll eine Distanz von mindestens 3000 m vom Brutplatz von Seeadlern eingehalten werden, besser noch ein Abstand von 6000 m (LAG VSW 2014).

Kein Einzelfall: toter Seeadler unter einer Windkraftanlage

Beim Seeadler bleiben Beutereste, oft auch Fischreste, von ihren Mahlzeiten zurück. Wenn im Horst Junge aufwachsen, findet sich darin häufig ein Nahrungsvorrat, z. B. von Fischen und Vögeln. Manches fällt vom Horst herab und kann unten am Boden aufgefunden werden. Eine störende Nachsuche nach solchen Beuteresten sollte vor und während der Brutzeit vermieden werden.

Die alte Buche trägt den zentnerschweren Seeadlerhorst.

Mäusebussard *Buteo buteo*

Als häufiger mittelgroßer Greifvogel ist der Vogel das ganze Jahr bei uns heimisch. Im Winter gibt es vermehrt Gäste aus dem Norden, dagegen ziehen einige unserer Brutvögel ab. Sind sind gefährdet durch Straßenverkehr und Windkraftanlagen.

Dem Mäusebussard sind Aufwinde angenehm, in denen er bequem segeln kann.

Unter dem Horst findet sich weißer Kot.

Zeichen dafür, dass der Horst besetzt ist: eine gemauserte Deckfeder

Mäusebussardhorste stehen mitten im Wald, am Waldrand oder in Einzelbäumen in der offenen Landschaft.

Falken – Falconidae

Da Falken nach heutiger Kenntnis nicht nahe mit den Greifvögeln verwandt sind, haben sich wohl viele ihrer Beutegreifer-Eigenschaften parallel zu den Greifvögeln entwickelt. Ruhe- und Nistplätze der verschiedenen Falkenarten sind häufig mit weißem Kot markiert. Man kann dort auch Federn und Gewölle finden, deren Größe Auskunft über ihre Erzeuger geben kann.

Turmfalke *Falco tinnunculus*

Wo sich Turmfalken aufhalten, fällt viel flüssiger, weißer Kot an. Unter den Ruheplätzen eines Turmfalken findet man außer dem Kot auch Beutereste und Federn, hin und wieder auch die kleinen **Gewölle**. Sie sind meist schlank, erreichen eine Länge von ca. 3 cm und sind ca. 1,5 cm dick. Meist sind sie durch Mäusehaar dunkelgrau gefärbt. Es gibt auch Gewölle, die vorwiegend aus Käferresten zusammengesetzt sind. In anderen überwiegen Vogelanteile, darunter können außer Federn auch ein hornbedeckter Unterschnabel und Getreidekörner aus dem Kropf eines Körnerfressers enthalten sein.

Das Turmfalken-Männchen im Abflug vom Brutplatz. Eine Reinigung der Nestumgebung findet nicht statt.

Turmfalken rasten regelmäßig auf der Krone im Giebel des Schlosses.

Der hinterlassene Kot an einem Pfosten in der Ackerlandschaft besteht wie bei allen Fleischfressern vorwiegend aus Harnsäure.

Dieser kurze und gedrungene Speiballen eines Turmfalken ist etwa 2,5 cm lang.

Unter dem Ruheplatz eines Turmfalken an einem Gebäude finden sich Kotreste und Gewölle.

Manchmal verrät auch eine rote Mauserfeder den Urheber der Funde: ein männlicher Turmfalke.

Wo Turmfalken längere Zeit oder immer wieder rasten, sammeln sich massenweise Kot und Gewölle an.

Die Gewölle sind grau, enthalten also Mäusehaar.

Über dem Dach befindet sich ein Brut- und Rastplatz von Turmfalken.

Unter dem Dachüberstand: In dem Nest rechts haben Turmfalken gebrütet, links ein häufig benutzter Ruheplatz.

Wanderfalke *Falco peregrinus*

Wanderfalken erbeuten vorwiegend mittelgroße fliegende Vögel im freien Luftraum. Sie rupfen sie am Boden, häufig auf einer kleinen Erhöhung oder auf offener Fläche. Die Hinterlassenschaften sind oft arttypisch: Neben ausgerupften einzelnen Federn bleibt meist das Flügelskelett samt dem Schultergürtel zurück. Sehr oft ist der Handflügel oder gar der gesamte Flügel unversehrt erhalten. Nicht selten hängen auch das Becken und die Wirbelsäule mit den Flügeln und den Beinen noch zusammen. Daneben können sich auch weiße Kotspuren, zuweilen sogar ein Gewölle finden. In der Nähe des Brutplatzes, meist an einer Felswand, kann man Rupfplätze sehen, an denen Reste zahlreicher Beutetiere liegen. Solche oft etwas erhöhten Rupfplätze werden auch Rupfkanzeln genannt.

Außerhalb der Brutzeit sind Wanderfalken in sehr verschiedenen Lebensräumen unterwegs. Sie halten sich beispielsweise regelmäßig an offenen Sandstränden der Nordseeküste auf. Hier erbeuten sie nicht nur Möwen, Watvögel und Enten, sondern auch, nach Art von Eleonorenfalken, die im Herbst von Norden her über das Meer kommenden, erschöpft einfallenden Singvögel. Bei einfachen Kleinvogelrupfungen am Strand, in den Vordünen oder in den Salzwiesen der Küste kann man keineswegs sicher sein, dass sie vom Sperber oder vom Merlin stammen. Wanderfalken verschmähen selbst winzige Beute wie Goldhähnchen nicht.

Der Wanderfalke im ersten Alterskleid ist abflugbereit.

Ein wuchtiger Beutegreifer, der fliegende Vögel schlägt.

Der junge Falke spielt mit dem am Strand erbeuteten Wintergoldhähnchen, ehe er es verzehrt. Filmausschnitt.

Ein alter Wanderfalke rupft die erbeutete Schnatterente.

Reste einer vom Wanderfalken bearbeiteten Sturmmöwe am Sandstrand

Der Wanderfalke hat auch von diesem erbeuteten Brachvogel Skelettteile und Flügel hinterlassen.

Seltenes Beutestück: Im Rheingebiet schlägt der Wanderfalke hin und wieder auch einen Alexandersittich.

Dieses Gewölle eines Wanderfalken besteht aus hellen Federn.

In diesem Gewölle eines Baumfalken sind auch Knochen sichtbar.

Kraniche – Gruidae

Kranich, Grauer Kranich *Grus grus*

Fußspuren des Kranichs im Schnee kann man bei den früh im Jahr zurückkehrenden oder überwinternden Vögeln oft finden. Die Zehen des Fußabdrucks sind relativ breit, die Hinterzehe ist kurz. Die beiden Seitenzehen bilden mit der Mittelzehe einen Winkel von jeweils fast 90 ° – mehr als bei den Reihern. In einem gut erkennbaren Fußabdruck fällt eine schwache wulstige Verbindung an der Basis der Vorderzehen auf, wie die Andeutung einer Schwimmhaut; sie ist zwischen Außen- und Mittelzehe stärker ausgebildet als zwischen Mittel- und Innenzehe. Dadurch wirkt die Fußbasis etwas asymmetrisch. Bei den Füßen der Störche sind noch deutlichere kurze Schwimmhäute ausgebildet (s. S. 82). In der Schreitspur eines Kranichs stehen die Zehen parallel zur Bewegungsrichtung, die Füße werden nicht nach einwärts gedreht wie bei den Gänsen und der Großtrappe.

Fraßreste von Kranichen im Brutgebiet sind kaum zu finden. Im Überwinterungsgebiet im Süden Spaniens hinterlassen sie jedoch Fraßreste von Eicheln, wenn sie sich in Beständen von Korkeichen oder Steineichen in der Dehesa (Gemeindeweide) ernähren. Sie tragen gefundene Eicheln wiederholt zu derselben Stelle an einer Baumwurzel oder auf offenen Boden und picken die Frucht auf. Wird ein bestimmtes Widerlager immer wieder aufgesucht, so könnte man es eine **Kranichschmiede** nennen. Die Schalen der Eicheln mit Resten des Inhalts lassen sie liegen. Der **Kot** der Kraniche ist wegen der variablen Ernährung der Vögel wenig definiert.

Kraniche kehren oft schon früh im Jahr zurück und hinterlassen dann Laufspuren im Schnee.

Der Kranich ist herangelaufen und hat im Schnee gestochert.

Beide Kranichpartner sind gemeinsam auf dem Schnee des Seeufers entlanggelaufen.

Der einzelne Fußabdruck wirkt fast kreuzförmig – anders als bei den Reihern.

Nur selten findet man einen so schönen Abdruck des Kranichfußes in freier Natur.

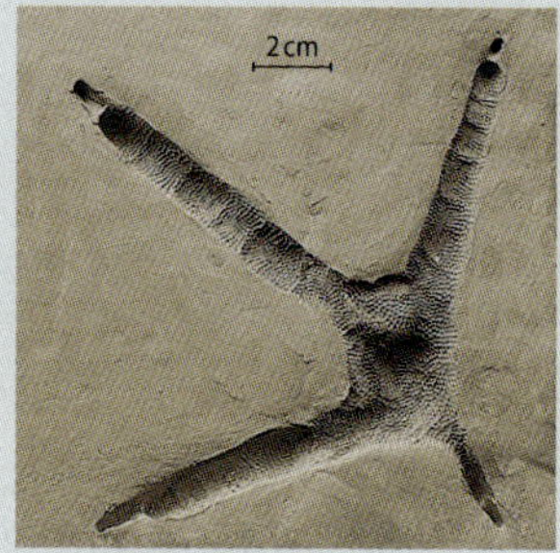

Der künstlich herstellte Abdruck im feinen Material lässt die angedeuteten Schwimmhäute und auch sonst alle Feinheiten des Kranichfußes erkennen.

Im Stoppelfeld von Mais finden die Vögel Maiskolben, die sie leeren können.

Hin und wieder bleibt noch eine Kranichfeder zurück.

Rallen – Rallidae

Blässhuhn *Fulica atra*

Die **Fußspuren** der Blässhühner sind häufig zu finden, da die Vögel viel an schlammigen Ufern von Gewässern herumlaufen. Der Fußabdruck ist in seiner Form bezeichnend. Entsprechend der Zahl der Zehenglieder sind die Zehen mit seitlichen Lappen versehen. Die Mittelzehe ist beidseitig mit je drei Lappen verbreitert, an der Innenzehe sind es zwei, an der Außenzehe ist der Lappen nicht auffallend aufgeteilt. Auch die Hinterzehe ist mit schmalen Lappen versehen. Die Zehenenden tragen lange Krallen.

Das Blässhuhn zeigt an der Mittelzehe beidseitig je drei, an der Innenzehe zwei, an der Außenzehe vier Lappen – die letzteren aber kaum durch Einschnitte voneinander getrennt.

Das Teichhuhn kommt zwar oft neben dem Blässhuhn vor, ist aber weniger ans Schwimmen angepasst.

Die Wasserralle ist ein heimlicher Bewohner der Schilfgürtel. Im Bild ein überwinternder Vogel.

Für den Fußabdruck des Blässhuhns sind die seitlichen Lappen bezeichnend.

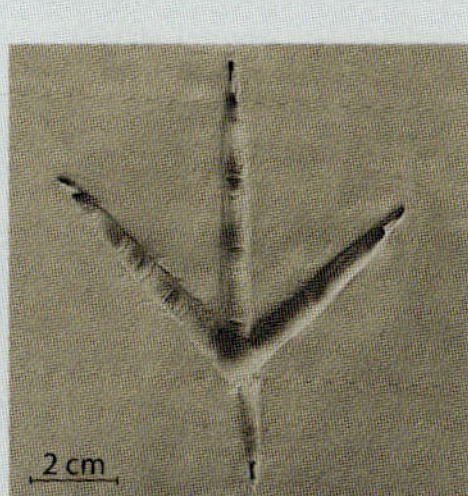

Der Fußabdruck des Teichhuhns lässt keine Lappen erkennen.

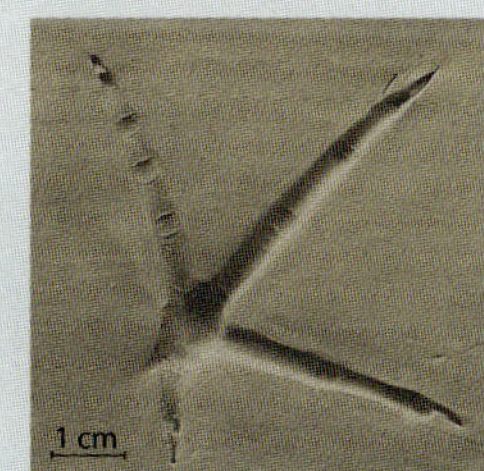

Die Wasserralle ist mit ihren schlanken Zehen ans Gehen auf Schwimmvegetation oder an das Umgreifen von Schilfhalmen angepasst.

Teichhuhn *Gallinula chloropus*

Beim Teichhuhn sind die Zehen ohne Lappen, das heißt, nicht an das Schwimmen angepasst wie beim Blässhuhn. Sie wirken lang und schlank, schon bei den eben geschlüpften Küken. Die beiden Außenzehen sind schwach konisch geformt. Die Hinterzehe erreicht etwa ein Drittel der Mittelzehenlänge. Fußabdrücke sind relativ selten zu finden.

Wasserralle *Rallus rallus*

Auch bei der Wasserralle fehlen seitliche Zehenlappen, wie sie beim Blässhuhn vorhanden sind.

Trappen – Otididae

Großtrappe *Otis tarda*

Trappen sind Bodenvögel. Weil sie selten sind und meist auf bewachsenem und trockenem Boden laufen, wird man nicht oft Gelegenheit haben, ihre Fußabdrücke im Sand zu finden, allenfalls im Winter im Schnee. Die Zehen sind, gemessen an der Größe des Vogels, relativ kurz und dick. Eine Hinterzehe fehlt vollständig. Beim Gehen werden die Füße jeweils etwas nach innen gedreht, so dass eine geschränkte Schreitspur entsteht.

Die Bartfedern entwickeln sich nur bei alten Hähnen.

Die männliche Großtrappe ist einer der größten flugfähigen Vögel.

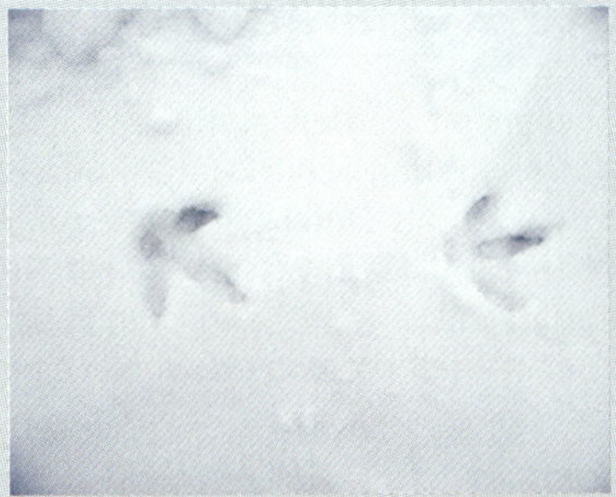

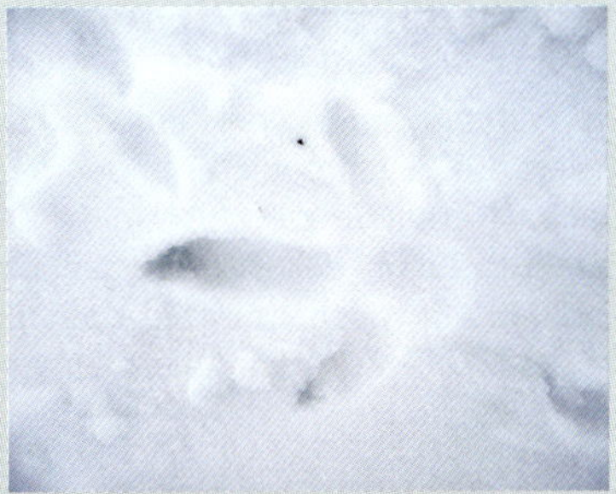

Die Laufspur einer Großtrappe im Schnee ist leicht geschränkt.

Im Fußabdruck dominiert die Mittelzehe, eine Hinterzehe fehlt.

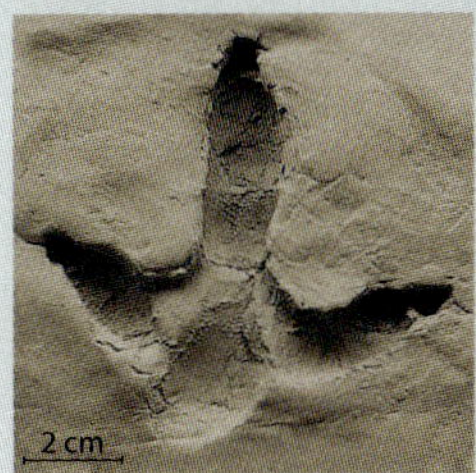

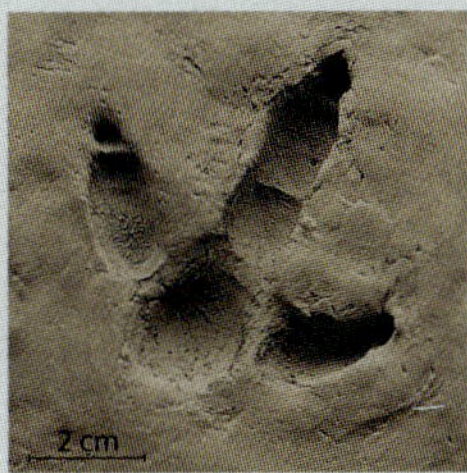

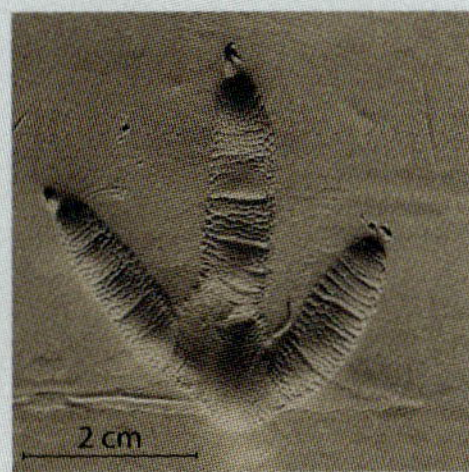

Der Fußabdruck des Hahns (links) misst in der Länge wie in der Breite zwischen den Zehenspitzen etwa 9 cm; der Abdruck der Henne erreicht etwa 6,5 cm, der des Jungvogels (rechts) je nach Alter wechselnd, hier nur 4 cm.

Hier hat eine Großtrappe auf den Läufen geruht und Kot hinterlassen.

Die Zwergtrappe kommt nicht in Mitteleuropa vor, tritt hier aber als Ausnahmegast auf. Der Fußabdruck ist mit einer Länge von 4 cm nur so groß wie bei einer jungen Großtrappe.

Regenpfeiferverwandte – Charadriiformes

Die Watvögel oder Limikolen, die hier behandelt werden, sind meist spezialisiert auf Feuchtgebiete. In den Sand-, Misch- und Schlickwatten unserer Küsten treten sie zeitweise in großen Scharen als Durchzugsgäste auf. In kleineren Zahlen besuchen sie Schlammbänke und Flachwasserzonen im Binnenland. Auf weichem Untergrund hinterlassen sie im Wesentlichen Fußabdrücke und Laufspuren. Außerdem kann man ihren Kot und manchmal einen Speiballen finden.

Der Alpenstrandläufer (hier im Prachtkleid) gehört zu den häufigsten Rastvögeln des Wattenmeers.

Dieser junge Kiebitz ist im Grünland an der Küste aufgewachsen.

Der männliche Kampfläufer erleichtert sich im Moment des Abfliegens.

Bei Niedrigwasser findet man zahllose Fußspuren im Watt.

Das Watt bietet zahlreichen Vogelarten Nahrung und Aufenthalt.

Austernfischer – Haematopodidae

Austernfischer *Haematopus ostralegus*

Unter den Vögeln im Watt dominieren Austernfischer mit lauter Stimme und vielen Spuren, die sie im Sand und Schlick hinterlassen. Bei den **Fußspuren** fallen dicke kurze Zehen im Vergleich zu anderen Vögeln des Watts auf. Austernfischern fehlt eine Hinterzehe.

Wenn ein Austernfischer mit seinem langen Schnabel tief in den weichen Boden hineingestoßen hat, bleibt eine offene **Stocherspur** zurück, die an der Unterseite konkav geformt ist. Die Fußabdrücke sind an einer solchen Stelle umso kräftiger eingedrückt, je weicher der Untergrund ist.

Austernfischer ernähren sich nicht etwa von Austern, wie ihr Name nahelegen möchte. Die ursprünglichen Bestände der Auster *Ostrea edulis* sind in der

Wenn er im Grünland nach Regenwürmern stochert, hinterlässt der Asternfischer kaum Spuren.

Die typischen Fußspuren drücken sich im Sandwatt auch auf den Rippelmarken ab, die das Wasser erzeugt hat.

Im Watt dagegen entstehen sowohl Fuß- als auch Stocherspuren.

Hier ist der Austernfischer stehen geblieben, um nach Beute zu stochern.

Deutschen Bucht ausgestorben. Die Pazifische Auster *Crassostrea pacifica*, die sich seit einigen Jahrzehnten ausbreitet, ist in großen Exemplaren viel zu stabil, um von den Austernfischern geöffnet zu werden. Nur junge noch dünnschalige Exemplare sind für die Vögel zugänglich, liefern aber wenig Fleisch.

Austernfischer sind aber vielerorts zu Spezialisten für **Miesmuscheln** geworden, die bis vor einiger Zeit massenweise und verbreitet Muschelbänke bildeten – ein eigener Lebensraum im Wattenmeer, der auch von menschlichen Muschelfischern in großem Maßstab genutzt wurde. Heute sind die Miesmuschelbestände stark zurückgegangen, auch durch die konkurrenzstarke eingeführte Pazifische Auster. Daneben erbeuten Austernfischer auch Herzmuscheln, die im Sand vergraben vorkommen. Auch die häufigen Amerikanischen Schwertmuscheln *Ensis directus* – im 20. Jahrhundert ins Wattenmeer eingewandert – wissen sie zu nutzen.

Für das Öffnen der Miesmuschelschalen haben Austernfischer zwei Strategien zur Verfügung. Entweder schlagen sie sie mit dem Schnabel an der dünnsten Stelle auf. Oder sie schieben ihre Schnabelspitze in die bei Hochwasser geöffnete Muschelschale hinein und durchschneiden den (einzigen) Schließmuskel. Bei der ersten Technik wird der Schnabel an der Spitze hammerartig abgeflacht, bei der zweiten zu einer Meißelschneide geformt, beides durch Wachstum und Abnutzung der Hornscheide. Die zurückbleibenden Schalenreste sind bezeichnend. Als dritte Strategie verwenden Austernfischer das Stochern nach Würmern, auch im Grünland. Hier hilft ein lang zugespitzter Schnabel. Das Stochern in der Wiese hinterlässt aber kaum erkennbare Spuren.

Austernfischer erbeuten viele Muscheln, hier eine Herzmuschel.

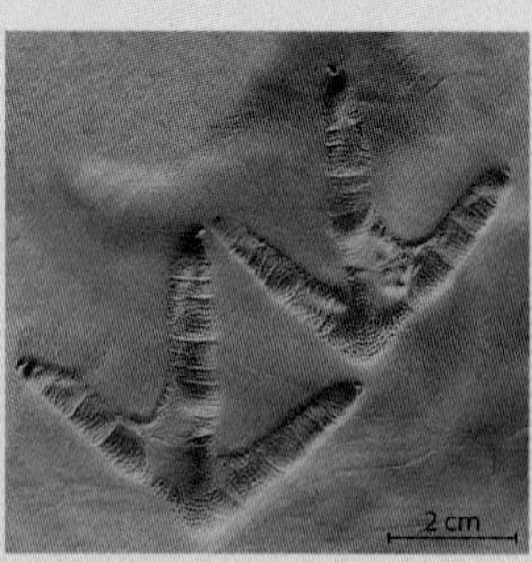

Der Fein-Abdruck zeigt die dicken Zehen und eine angedeutete Schwimmhaut zwischen Mittel- und Außenzehe. Es gibt keine Hinterzehe.

Säbelschnäblerverwandte – Recurvirostridae

Säbelschnäbler *Recurvirostra avocetta*

Säbelschnäbler haben ausgeprägte Schwimmhäute zwischen den drei Vorderzehen, wodurch sie gut schwimmen können. Da sie auch viel auf Schlamm und feuchtem Sand laufen, kann man die Fußabdrücke in ihrem Lebensraum finden. Große Seeschwalben, deren Füße in der Größe etwa denen der Säbelschnäbler entsprechen dürften, laufen nur wenig.

Säbelschnäbler sind ruffreudige Bewohner von ausgedehnten, ebenen Feuchtgebieten im Binnenland und an den Küsten.

Sie gehören zu den wenigen Watvögeln mit ausgeprägten Schwimmhäuten zwischen den Zehen.

Regenpfeifer und Verwandte – Charadriidae

Regenpfeifer haben keine oder nur gering ausgeprägte Hinterzehen, wie die Abgüsse zeigen. Der Kiebitz, der zu einer eigenen Familie gerechnet wird, ist vergleichbar, zeigt aber im Fußabdruck eine deutlichere Hinterzehe.

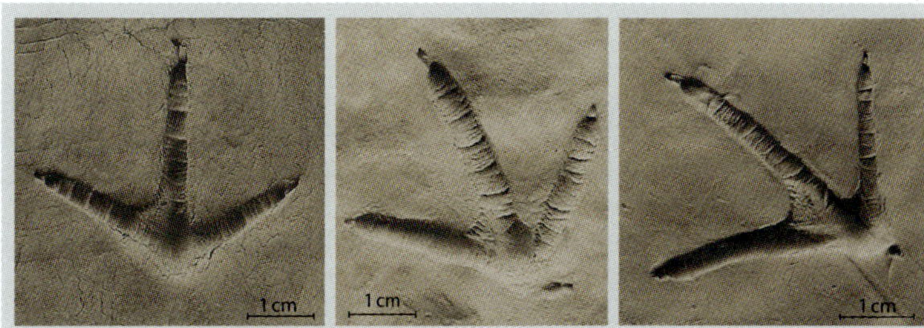

Fußspuren von Kiebitz- und Goldregenpfeifer, im Vergleich mit derjenigen des Kiebitzes (von links nach rechts).

Schnepfenverwandte – Scolopacidae

Waldschnepfe *Scolopax rusticola*

Die Fußabdrücke der Waldschnepfe lassen sich wegen der langen schlanken Zehen leicht von denen waldbewohnender Hühnervögel unterscheiden. Besonders gut sind sie sichtbar, wenn eine dünne Schneelage auf feuchtem Untergrund die Spuren kontrastiert. Sie sind leichter identifizierbar, wenn Stocherspuren des Schnabels sie begleiten. Ansonsten findet man im Wald die Stocherspuren der Waldschnepfe auf weichem Boden nur unter günstigen Bedingungen. Man sieht an ihnen, dass sich Ober- und Unterschnabel im Einstich abbilden. Daneben liegt u. U. auch der weißliche Kot des Vogels.

Die Waldschnepfe führt ein heimliches Leben im Wald und ist durch ihr Kleid getarnt.

Bei den Fußspuren im feinen Schnee fallen die sc
ken Zehen auf.

Der Fuß hat eine Länge von 5,5 cm, die Spanne zwischen den Spitzen der Seitenzehen misst 4,5 cm.

Im tauenden Schnee verlieren die Fußspuren ihre Form. Es besteht dann die Gefahr einer Verwechslung mit Haselhuhnspuren.

In der austrocknenden Wass
lache sind neben den Fußabdrücken auch Stocherspuren
erkennen.

Bekassine *Gallinago gallinago*

Die Bekassine ist die kleine Schwester der Waldschnepfe, versehen mit einem überlangen schlanken Stocherschnabel. Sie fällt zu Beginn der Brutzeit durch ihre Revierflüge auf, wobei sie mit den Schwanzfedern ein Meckern erzeugt. Die selten zu findenden Fußabdrücke sind noch zarter und schlanker als bei der Waldschnepfe. Sie messen in der Länge und in der Breite je etwa 5,5 cm. Noch kleiner sind die Fußabdrücke der Zwergschnepfe, die bei uns vorwiegend als Durchzügler und Wintergast in Feuchtgebieten auftritt. Sie messen in der Länge wie in der Breite jeweils etwa 4 cm.

Die Bekassine ist eine Spezialistin für offene Feuchtgebiete, wo der lange Stocherschnabel zur Geltung kommt.

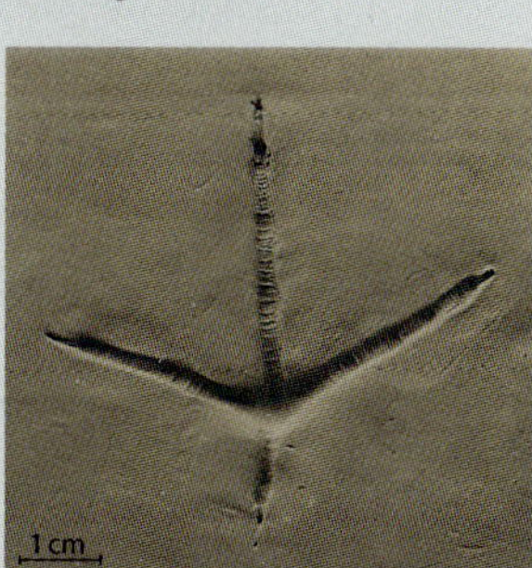

Der Fußabdruck der Bekassine ist bedeutend zarter als der der Waldschnepfe.

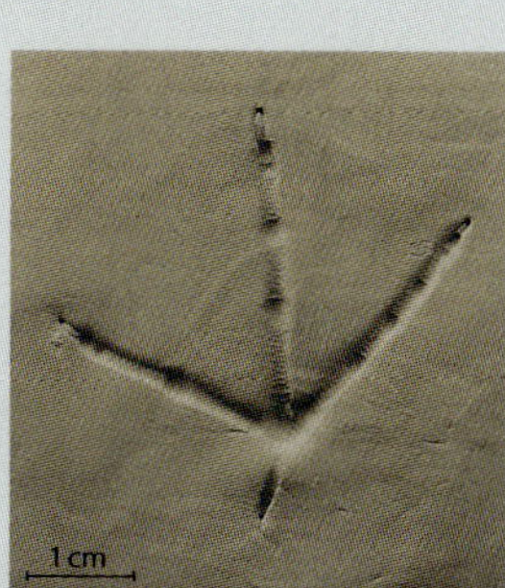

Der Fußabdruck der Zwergschnepfe entspricht dem einer Bekassine im Kleinformat.

Dunkler Wasserläufer *Tringa erythropus*

Waldwasserläufer *Tringa ochropus*

Bruchwasserläufer *Tringa glareola*

Als Hinterlassenschaften dieser langbeinigen Watvögel wird man vor allem Fußabdrücke auf feuchtem weichem Untergrund finden (s. S. 21). Soweit diese Vögel hartschalige Beute wie Insekten zu sich nehmen, produzieren sie aber auch **Speiballen**. Bei seltenen Gelegenheiten beobachtet man, wie ein solcher Vogel den Speiballen ausspeit. Es bedarf besonderer Geduld und Kenntnisse, solche Speiballen zu sammeln. Man kann sie nur sicher identifizieren, wenn man den Vogel beim Ausspeien beobachtet hat. Sie sind schlank und haben eine Länge von 1,5 bis 2 cm.

Ein Dunkler Wasserläufer bringt einen Speiballen hervor.

Der Speiballen eines Waldwasserläufers liegt in einer Quellerwiese.

23 Speiballen von Waldwasserläufern – eine seltene Sammlung, die nur bei gleichzeitiger Beobachtung des Vogels erhalten werden kann. Sie erlauben eine detaillierte Nahrungsanalyse.

Die Speiballen von Bruchwasserläufern bestehen vor allem aus Chitinresten.

Sanderling *Calidris alba*

Es sind zahlreiche Arten von Strandläufern und anderen Watvögeln, die im Frühjahr und Sommer das Wattenmeer beleben, teils auch das ganze Jahr über. Obwohl sie alle ihre eigene Nahrungsökologie haben und unterschiedliche Spuren hinterlassen (s. S. 21), können sie hier nicht im Einzelnen besprochen und dargestellt werden. Hier tritt als Vertreter der Sanderling ein.

Bereits im Juli kehren die Altvögel noch im Prachtkleid aus den arktischen Tundren an die Strände der Nordsee und des Atlantik zurück und gesellen sich zu den Übersommerern. Nun kann man auf frischem feuchtem Sandboden viele Fuß- und Stocherspuren von ihnen finden. Die Vögel halten oft in kleinen oder größeren Trupps zusammen, können sich aber an der Strandlinie entlang und über feuchte Sandflächen auch weit verteilen. Sie stochern mit dem Schnabel eifrig im Sand und setzen viele **Stocherspuren** nebeneinander, wobei der Einstich von Ober- und Unterschnabel zu erkennen ist. Ähnliches gilt für die anderen Strandläuferarten, die das Wattenmeer besuchen, wie zum Beispiel Alpenstrandläufer und Knutt. Der Unterschied ist: Sanderlinge halten sich meist am Sandstrand auf, auf den Ostfriesischen Inseln also am Nordstrand. Die anderen Arten bevorzugen die nahrungsreichen Rückseitenwatten zwischen Insel und Festland. Man findet ihre Spuren also mehr im Schlick- und im Mischwatt. Je nach Härtegrad des Sandbodens beziehungsweise seiner Feuchtigkeit sind am Sandstrand die Laufspuren der Sanderlinge gut abgebildet oder kaum zu erkennen, während die Stocherspuren bis zum nächsten Hochwasser erhalten bleiben.

Sanderlinge sind sozial und treten häufig in kleineren oder größeren Gruppen auf.

In schnellem Lauf weichen sie den herankommenden Wellen oder anderen Störungen am Strand aus.

Zeitweise ruhen sie in der Gruppe am offenen Strand.

Sanderlingen fehlt die Hinterzehe, entsprechend auch im Fußabdruck, ähnlich wie beim Austernfischer und den Regenpfeifern.

Wenn sie im Winter über eine Schneedecke laufen, verlängert sich der Fußabdruck in Laufrichtung mit einer Schleifspur der Mittelzehe.

Bei den Stocherspuren sieht man den Einstich von Ober- und Unterschnabel.

Manchmal sind die Stocherspuren kreisförmig angeordnet.

Oft verteilen sich die Stocherspuren ungleichmäßig auf einer Fläche.

Möwen – Laridae

Die Strandfelsen, auf denen sich häufig Vögel niederlassen, sind mit der orangefarbenen Flechte *Xanthoria* bedeckt.

Es gibt viele Stellen, wo sich Möwen und andere Seevögel häufig auf festem Boden aufhalten – beispielsweise an Felsküsten, auf Halbinseln, Türmen und sonstigen Erhöhungen. Hier fällt auch viel Vogelkot an, der meist durch Harnsäure weiß gefärbt ist. An solchen Stellen siedelt sich oftmals flächendeckend eine rote Flechte an, die mit wissenschaftlichem Namen *Xanthoria parietina* heißt. Wie man sagt, gilt sie als ornithokoprophil, das heißt vogelkotfreundlich (gr. ornis = Vogel, kopron = Kot, philos = Freund). Sie ist zwar keine Hinterlassenschaft der Vögel, hat aber unmittelbar mit einer solchen zu tun.

Bei Möwen kann man bei einem guten Fußabdruck auf Schlamm oder im Sand die Schwimmhäute zwischen je drei Zehen erkennen, aber meist keine Hinterzehe – im Gegensatz zu Enten und Gänsen. Die Hinterzehe hinterlässt bei Möwen nur dann einen Abdruck, wenn der Vogel auf sehr weichem Boden etwas eingesunken ist. Bei der Dreizehenmöwe fehlt die Hinterzehe ganz.

Vergleich der Fußabdrücke von Möwen und Verwandten

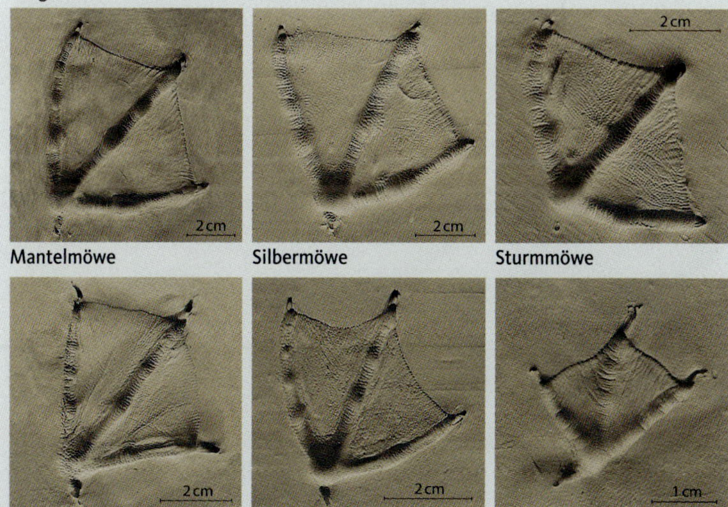

Mantelmöwe – Silbermöwe – Sturmmöwe – Spatelraubmöwe – Lachmöwe – Flussseeschwalbe

Lachmöwe *Larus ridibundus*

Lachmöwen stehen oft im flachen Wasser, halten sich an einer Stelle und heben abwechselnd die beiden Füße an. Dabei schauen sie nach unten und wenden den Kopf nach rechts und links. Sie picken Nahrungsobjekte auf, die sie durch das Trampeln aus dem Untergrund freigespült haben. Beim Trampeln entsteht im Untergrund eine rundliche Vertiefung, die man **Trampelwanne** nennt. Ist sie relativ frisch, kann man in ihr bei ablaufendem Hochwasser auch noch die Fußspuren der weggehenden Möwe sehen. Manchmal hinterlässt sie daneben auch Kot. Das Trampeln im flachen Wasser kann man auch bei Sturmmöwen beobachten. Silbermöwen trampeln dagegen meist auf Wiesen, wobei sie Regenwürmer hervorlocken. Sie erzeugen dort natürlich keine Trampelwannen.

Relativ selten findet man die **Speiballen** der Lachmöwe. An einem Spülsaum fand sich ein ovaler kleiner Speiballen einer Lachmöwe, der voller Material aus dem Spülsaum steckte. Wahrscheinlich führt solch kleine Beute nicht zur Bildung eines Speiballens, vielleicht nur bei Überangebot in einem Einzelfall.

Lachmöwen sind häufige Vögel. Sie konzentrieren sich dort, wo es viel Nahrung gibt, hier an einem Priel im Watt.

Ihre Fußabdrücke sind kleiner als bei Silber- und Sturmmöwe.

Gelegentlich erzeugen sie im Flachwasser Trampelwannen, wie es auch Brandenten tun.

Dieser Speiballen ist aus Vermehrungsstadien des Blasentangs und aus Ameisenresten zusammengesetzt.

Silbermöwe *Larus argentatus*

Stets aufmerksam: ein Altvogel der Silbermöwe

Silbermöwen sind Nahrungsgeneralisten, das heißt sie fressen, was sich ihnen anbietet und leicht zu erreichen ist. Sie sind in der Lage, versteckte Strandkrabben im Sand aufzufinden. Kleine Miesmuscheln verzehren sie massenweise im ganzen und zerkleinern die Schalen entweder mit dem Schnabel oder im Kaumagen. Große Miesmuscheln, etwa ab einer Länge von 4 bis 5 cm, können sie weder aufhacken noch im Magen zerbrechen. Das gilt ebenso für die Gehäuse von Wellhornschnecken, die von Einsiedlerkrebsen bewohnt werden. Für solche hartschalige größere Beute verwenden sie das Verfahren, das mit einem englischen Wort **Shell-dropping** genannt wird. Sie nehmen das Objekt in den Schnabel, fliegen damit auf und lassen es aus geeigneter Höhe fallen. Wird es durch den Aufschlag auf dem Untergrund nicht zerstört, wiederholen sie das Abwerfen, unter Umständen aus größerer Höhe. Entscheidend ist die Wahl des Untergrundes. Fällt das Objekt ins Wasser, so passiert ihm ebenso wenig etwas, wie wenn es auf weichen Sand oder Schlick fällt. Die Möwen lernen anscheinend, den richtigen Untergrund zu wählen. Das kann entweder eine Buhne oder ein befestigter Weg oder eine Straße sein. Es kommen auch andere Flächen

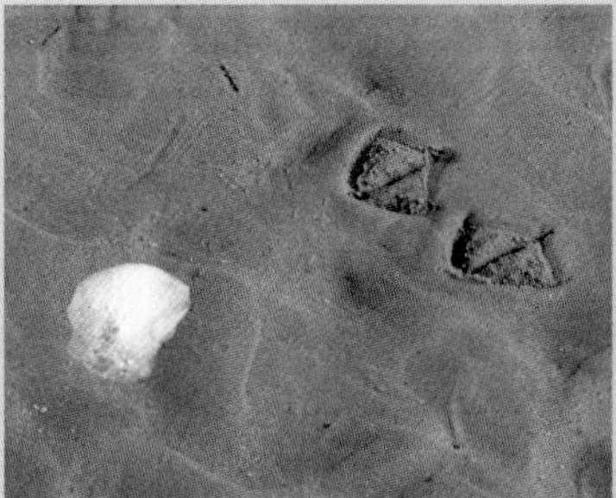

Beim Abflug hat die Möwe einen Kotfleck und die tief eingesenkten paarigen Fußabdrücke auf dem Sand hinterlassen.

Miesmuscheln bilden auf Hartböden Kolonien, im Watt oft Muschelbänke.

Um die Miesmuschel abzuwerfen, trägt die Möwe sie über einen harten Untergrund.

Die Möwe bremst ihren Flug und steilt auf, um die Muschel aus der richtigen Höhe abzuwerfen.

Eine jugendliche Silbermöwe wirft eine Miesmuschel ab und stürzt ihr nach.

Die jugendliche Silbermöwe beschäftigt sich mit der abgeworfenen Beute.

wie ein Flugplatz, ein Sportplatz oder ein Flachdach infrage. Manchmal lassen Silbermöwen eine Miesmuschel auch auf eine Muschelbank fallen, wobei unter Umständen auch eine weitere Muschel zerbricht, die von der herabfallenden Muschel getroffen wird. Wie man selbst durch Hochwerfen prüfen kann, sind Muscheln mit einem Bewuchs von Seepocken wenig geeignet. Sie fallen auf das Polster der Seepocken und sind dadurch geschützt. Erfahrene Silbermöwen wählen deshalb große Miesmuscheln aus, die sie im Spülsaum finden und die durch die auflaufenden Wellen schon von Seepocken befreit sind. Auch Austernfischer (s. S. 111) meiden die mit Seepocken bewachsenen Miesmuscheln.

Als Hinterlassenschaft bleiben nach dem Shell-dropping der Silbermöwe Schalenstücke von Miesmuscheln und anderen hartschaligen Beuteobjekten zurück. Manchmal kommen rastende Steinwälzer hinzu, die die Fleischreste aus den zurückgelassenen Schalenresten picken.

Der Verhaltensforscher Niko Tinbergen verwendete einmal hölzerne Eiattrappen, um die Reaktion von Silbermöwen auf Eier zu untersuchen. Eine der Möwen hackte nach dem Holz-Ei und fasste es danach mit dem Schnabel, flog auf und warf es ab. In London sind Möwen dabei beobachtet worden, wie sie Nüsse, Bolzen und andere Eisenstücke abwarfen.

Das Shell-dropping von hartschaligen Objekten ist weltweit auch bei anderen Großmöwenarten festgestellt worden. Bei Schwarzkopf- und Sturmmöwen hat man beobachtet, wie sie Herzmuscheln auf diese Weise geöffnet haben. Mittelmeermöwen warfen erbeutete Gänseeier über einer kleinen Insel im Flachwasser ab. Ansonsten verfügen auch Rabenvögel (s. S. 190) über das gleiche Verhalten, wenden es aber hauptsächlich bei Walnüssen an, seltener bei Muscheln an der Küste oder im Binnenland. Die Hinterlassenschaften unterscheiden sich je nach der bearbeiteten Beute.

Von den Miesmuscheln bleiben Schalenstücke zurück, in denen noch Reste des Schließmuskels zu erkennen sind.

Andere Möwe, andere Beute: Eine Mittelmeermöwe hat ein Schneckenhaus zerstört, um sich des darin wohnenden Einsiedlerkrebses zu bemächtigen.

Dieser Speiballen einer Silbermöwe enthält Schalenstücke von Miesmuscheln.

Der Speiballen einer Großmöwe lässt sich nicht sicher einer Art zuordnen.

An Ruheplätzen oder in den Brutkolonien der Silbermöwe findet man die rundlichen oder längsovalen **Speiballen**, mit deren Hilfe sich die Möwen unverdaulicher Nahrungsbestandteile entledigen. Sie bestehen meist aus Schalenstücken von Miesmuscheln, Herzmuscheln oder Sandklaffmuscheln, oft aber auch aus Fischgräten und -wirbeln, aus Stücken des Strandkrabbenpanzers oder aus anderen harten Materialien. In einem Speiballen sind in der Regel nur Reste einer einzigen Beuteart vertreten. Da man um ein Nest herum Speiballen von nur einer oder zwei Beutearten gefunden hat, spricht das für eine Spezialisierung der Partner – wenigstens vorübergehend. Speiballen aus Fischgräten, Insekten- oder Krabbenresten und Muschelschalenstücken zerfallen beim Trocknen bald und liegen als kleines Häufchen von Resten in der Landschaft. Speiballen aus pflanzlichen Resten, wie z.B. aus Getreideähren, finden sich ebenso. Silbermöwen bemächtigen sich jedoch oft auch menschlicher Nahrungsabfälle oder nehmen einem unvorsichtigen Menschen ein Stück Kuchen oder eine Eistüte im schnellen Zustoß aus der

Ein zerfallener Speiballen besteht aus Resten der Strandkrabbe *Carcinus maenas*.

Im Spülsaum am Meer finden sich häufig Schulpe des Tintenfischs *Sepia officinalis* mit den Schnabelmarken großer Möwen.

Möwen sind Allesfresser: Der frische Kot einer Silbermöwe besteht aus verschiedenen Anteilen.

Dieser Speiballen einer im Binnenland lebenden Mittelmeermöwe enthält Mäusehaar und Knochen.

Hand. Solche weiche Nahrung führt nicht zur Bildung von Speiballen. Ansonsten werden auch Müllreste aus Plastik, Papier, Knochen und ähnlichem Material in Form von Speiballen ausgeschieden und können sich am Nest oder am Ruheplatz der Möwen wiederfinden. Bei Sturmmöwen hat man Speiballen gefunden, die fast ganz aus Kirschkernen bestanden.

Diese Mittelmeermöwe hat eine Wasserralle erbeutet oder aufgefunden. Sie wird von ihr Nahrungsreste oder/und Speiballen zurücklassen.

Im Spülsaum am Strand finden sich häufig die länglichen kalkweißen **Schulpe** von *Sepia*-Tintenfischen angespült. Sie sind gekammert und haben dem Weichtier als Innenskelett und zur Regulation des Auftriebs gedient. Sie tragen oftmals Schnabelmarken, vielleicht von einer großen Möwe, die den Tintenfisch erbeutet oder tot gefunden und sein Fleisch verzehrt hat.

Seeschwalben – Sternidae

Wenn Seeschwalben auf Sandboden rasten, hinterlassen sie dort Fußspuren, die wie bei allen Möwen die Schwimmhäute zwischen drei Zehen erkennen lassen. Die Fußabdrücke von Seeschwalben sind zierlich im Vergleich zu denen der Möwen. Die Krallen wirken auffallend lang.

Diese Flussseeschwalbe zeigt Jugendmerkmale, vor allem im Flügel und in der Schnabelfärbung.

Der Fußabdruck einer Flussseeschwalbe ist zierlich – hier weniger als 3 cm breit.

Tauben – Columbidae

Ringeltaube *Columba palumbus*

Ringeltauben und ebenso Türkentauben ernähren sich vorwiegend von pflanzlicher Substanz. Während ihr Weidegang auf Rasenflächen kaum Spuren hinterlässt, erzeugen große Scharen rastender Ringeltauben auf **Rapsfeldern** manchmal lokale Fraßschäden. Die Rapspflanzen können sich vom Blattverlust später durch Regeneration gut erholen. Ringel- und Türkentauben fressen auch gern **Holunderbeeren**, selbst wenn diese noch unreif sind (und mehr Protein enthalten). Sie hinterlassen dann die leer gefressenen Fruchtstände.

Als Pflanzenfresser müssen Tauben viel Nahrung zu sich nehmen und produzieren entsprechend viel **Kot**. Dieser besteht zu großen Teilen aus recht flüssiger

Ringeltaube: Der Altvogel bewacht das schon weit entwickelte Nestjunge.

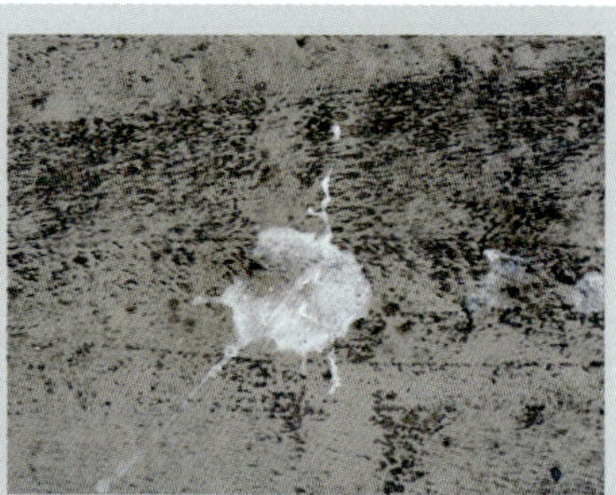

Solche Kotflecken hinterlassen Ringeltauben aus dem Flug am Boden.

Der Kot der Ringeltaube an einem Autofenster ist flüssig und besteht aus verschiedenen Anteilen.

Auch Türkentauben als Stadtbewohner können die Verursacher sein.

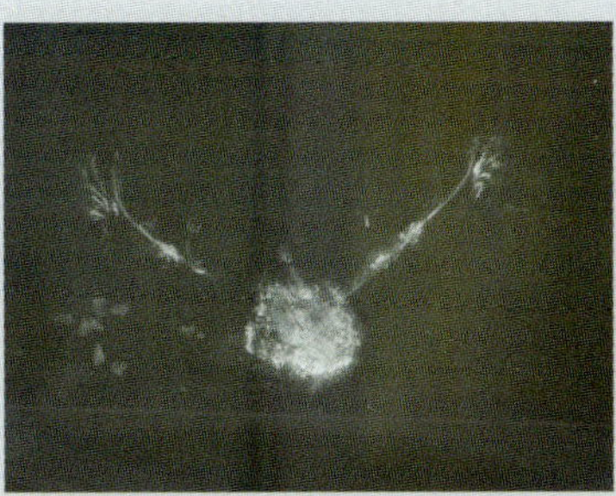

Eine Ringeltaube ist frontal an eine Fensterscheibe geflogen und hat ein Geisterbild darauf gepudert.

Rupfung: Die Ringeltaube ist zum Opfer eines fliegenden Beutegreifers geworden.

Taubenfußspuren sind nach Größe und Form recht ähnlich.

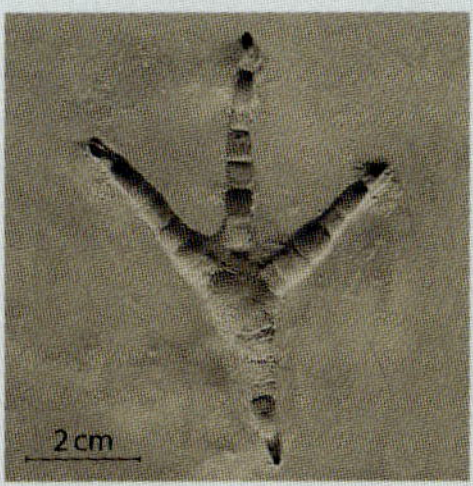

Ringeltaube

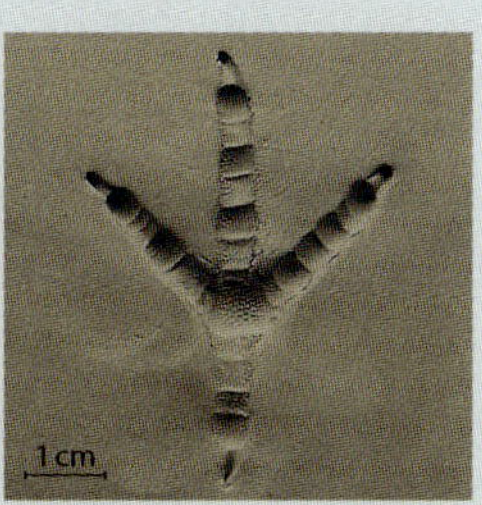

Hohltaube

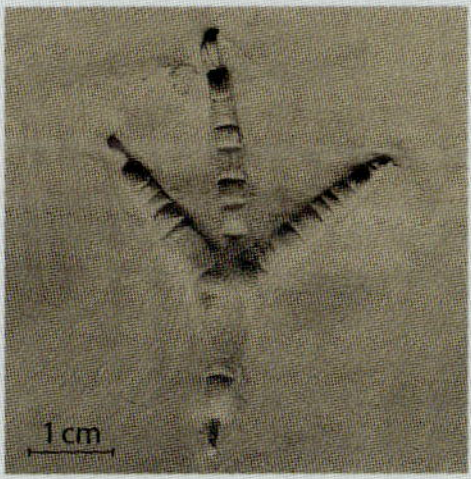

Türkentaube

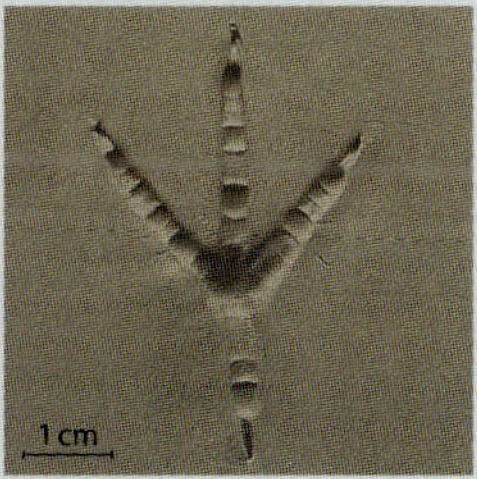

Turteltaube

weißer Harnsäure. Die Harnsäure zeigt, dass die Vögel proteinreiche Pflanzennahrung bevorzugen. Sie müssen die Abbauprodukte der Proteine zu unlöslicher Harnsäure umbauen, um Wasser einzusparen. Daneben enthält der Kot aber auch dunkle feste Bestandteile, die auf unverdauliche Anteile ihrer Pflanzennahrung wie Zellulose zurückgehen. Den zusammengesetzten Kot findet man häufig in Mengen unter Straßenbäumen, wo Ringeltauben als Stadtbewohner brüten, rasten oder übernachten. Wer einen Pkw dort abstellt, der findet diese Hinterlassenschaften als große Kleckse auf dem Autodach. Am Boden abgegebener Taubenkot kann eine geringelte Kotwurst enthalten, die stärker gedreht und schlanker ist als die eines **Haselhuhns**. Der ähnliche Kot des **Schwarzspechts** (s. S. 161) besteht meist aus Resten großer Ameisen.

Tauben verfügen über spezialisierte **Puderdunen**, die ständig Federpuder erzeugen. Dieser Puder verteilt sich im Gefieder. Fliegt eine Taube an eine Fensterscheibe, so kann man an der Glasoberfläche im Gegenlicht vor dunklem Hintergrund ein aufgepudertes Abbild des Vogels erkennen (siehe Kap. Fensteranflug, S. 229 f.).

Ringeltauben erzeugen **Fußspuren** im Schnee oder Schlamm, die wegen annähernd gleicher Größe mit denjenigen von Haselhühnern (s. S. 61 ff.) verwechselt werden können. Die Zehen sind aber länger und in engerem Winkel gestellt, auch nie mit den seitlichen Zehenstiften der Raufußhühner besetzt. Sie sind kräftiger als die schlanken Zehen der Waldschnepfe (s. S. 114). Die Länge des Fußabdrucks einer Ringeltaube liegt bei 7,5 cm, die Breite zwischen den Enden der Seitenzehen bei 5 cm. Die Winkel zwischen den Zehen betragen 45 bis 50°. Bei der Hohltaube ist ein Fuß 5,5 cm lang und 4 cm breit. Der Fuß einer Türkentaube misst in der Länge 5 cm, in der Breite 3,5 cm. Bei der Turteltaube ist ein gemessener Fuß knapp 5 cm lang und 3 cm breit. Die Winkel zwischen den Zehen liegen zwischen 40 und 45°.

Papageien – Psittacidae

Von den eigentlich tropisch verbreiteten Papageienarten haben sich u. a. zwei in Mitteleuropa angesiedelt, meist in den Städten, wo sie große alte Platanen und andere Bäume mit Höhlen finden. Die Vögel sind Neozoen, sie stammen aus menschlicher Obhut, brüten aber inzwischen erfolgreich, nehmen an Zahl zu und breiten sich aus. Es handelt sich meist um den Halsbandsittich *Psittacula krameri*, daneben um den etwas größeren Alexandersittich *Psittacula eupatria*. Wo sie vorkommen, kann man im Sommer ihre Mauserfedern auffinden. Manchmal wird aber auch einer von einem Wanderfalken geschlagen und der Greifvogel hinterlässt die typische Rupfung mit den noch zusammenhängenden Flügeln.

Diese Rupfung eines Alexandersittichs aus Wiesbaden-Bieberich stammt von einem Wanderfalken.

Die Sittiche beider Arten ernähren sich von Früchten aller Art, Samen, Knospen und grünen Blättern. Sie hinterlassen Fraßspuren, die aber nur verlässlich zuzuordnen sind, wenn man die Vögel beim Fressen gesehen hat.

Halsbandsittiche halten sich gern in Platanen auf.

Im Uhuhorst – hier in einer Felswand – findet sich viel Beute, von der die Junguhus zehren können, wenn sie groß genug sind.

Schleiereulen – Tytonidae

Schleiereule *Tyto alba*

Schleiereulen sind extrem auf Dunkelaktivität spezialisiert und in der Lage, selbst in einem völlig dunklen Raum nach Gehör eine Maus zu orten und zu fangen. Sie ernähren sich vorwiegend von Kleinsäugern. Die **Gewölle** der Schleiereule sind im Mittel 41 mm lang (Variation zwischen 22 und 80 mm) und 26,1 mm dick (Variation zwischen 18 und 35 mm). Sie unterscheiden sich von den gleich großen Gewöllen anderer Eulenarten durch einen glatten Speichelüberzug, der ihnen im frischen Zustand eine schwarze Färbung und einen lackartigen Glanz verleiht. Schleiereulen scheiden die Knochen der Beutetiere im Gewölle vollständig aus, in noch stärkerem Maß, als es andere Eulen tun. Man kann in den Gewöllen auch Schädel von Spitzmäusen finden, die von anderen Eulen und Beutegreifern zwar getötet, aber meist nicht verzehrt werden. Im Vergleich zu den Eulen ist in Gewöllen von Greifvögeln und Falken weniger an Knochenmaterial enthalten.

Sollte sich einmal die seltene Gelegenheit ergeben, dass man den vollständigen **Fußabdruck** einer Eule findet, so ist auf Unterschiede zwischen der Schleiereule und anderen Eulen zu achten. Während die Innenzehe bei der Schleiereule so lang ist wie die Mittelzehe, ist sie bei den anderen Eulen viel kürzer.

Die Schleiereule trägt ihren Namen nach dem Schleier, der das Gesicht umgibt.

In diesem Gewölle von etwa 5 cm Länge werden unter der aus verklebten Haaren bestehenden Hülle die enthaltenen Knochen sichtbar.

Ein trockenes Gewölle wird grau, behält aber eine glatte Oberfläche.

Eulen – Strigidae

Die echten Eulen sind licht-, dämmerungs- oder nachtaktive Beutegreifer. Unverdauliche Beutereste speien sie als **Gewölle** aus, die recht gut Auskunft über ihre Ernährung geben. Selbstverständlich variieren die Gewölle bei jeder Art erheblich in ihrer Größe. Hilfreich bei ihrer Zuordnung zu einer Art ist es, wenn man eine größere Zahl von ihnen ausmessen kann. Im Folgenden werden die Mittelwerte und die Größenvariation der Gewölle jeweils im Text bei der behandelten Art angegeben (nach Mebs & Scherzinger 2008). Außer den Gewöllen (und ihren Federn) hinterlassen die Eulen Nahrungsreste und Kot. Manche speichern auch überschüssige Nahrung in Verstecken oder Bruthöhlen.

Raufußkauz *Aegolius funereus*

Die Gewölle des waldbewohnenden Raufußkauzes zeigen, dass er sich vorwiegend von Kleinsäugern ernährt. Er verschmäht aber auch gelegentliche Vogelbeute nicht.

Im Gegensatz zum Sperlingskauz sammeln sich Gewölle und Beutereste des Raufußkauzes in der Bruthöhle an und können dort nur geborgen werden, wenn man den Brutbaum besteigt. Ansonsten findet man **Gewölle** unter den Tagesruheplätzen in dichten Fichtenbeständen eher zufällig. Die Gewölle des Raufußkauzes messen durchschnittlich 32 x 15 mm, sie variieren in der Länge zwischen 18 und 35 mm, in der Dicke zwischen 11 und 16 mm. Im Gegensatz zum Steinkauz sind hier meist keine Insektenreste enthalten. Wenn es wenige Kleinnager gibt, fressen Raufußkäuze auch Spitzmäuse, deren Schädel man dann in den Gewöllen findet.

Der dunkelaktive Raufußkauz, hier ein Altvogel, gilt als die Kleineule „mit dem erstaunten Gesichtsausdruck".

Alte Schwarzspechthöhlen werden vom Raufußkauz als Bruthöhlen bevorzugt.

Ein Jungvogel ist dabei, ein Gewölle auszuspeien.

Das Gewölle liegt vor dem Vogel und wird nicht mehr beachtet.

Die Gewölle sind viel kleiner als die der mittelgroßen Eulen. Sie enthalten hauptsächlich Knochen und Mäusehaar, das Gewölle links jedoch Amselfedern.

Steinkauz *Athene noctua*

Der Steinkauz ist eine Kleineule, die bei uns meistens klimamilde Regionen des Tieflandes bewohnt. Die Vögel ernähren sich vorwiegend von Kleinsäugern, aber auch von Insekten, Regenwürmern und anderen kleinen Tieren, die sie hauptsächlich am Boden erbeuten. In den Gewöllen sind vor allem Haare von Kleinsäugern, Knochen und Insektenreste zu erkennen.

Der Steinkauz ist licht- und dämmerungsaktiv. Er sucht sich gern einen Ruheplatz in der Sonne.

Die Kotspritzer auf einem alten Baum in der Nähe der Bruthöhle zeigen, dass hier der Kauz öfter rastet. Die **Gewölle** des Steinkauzes erreichen im Mittel eine Länge von 33 und einen Durchmesser von 13 mm. Sie variieren in der Länge zwischen 15 und 52 mm, in der Dicke zwischen 9 und 18 mm. Sie wirken meist recht schlank und langgestreckt. Besonders im Sommer fallen in ihnen viele Flügeldecken von Käfern auf.

Ein typischer Lebensraum des Steinkauzes: Allee mit alten Apfelbäumen in der Weidelandschaft Crawinkel.

Ein bevorzugter Sitzplatz in der Nähe der Bruthöhle ist mit Kot markiert.

Steinkauz-Weibchen in einer Naturhöhle (Apfelbaum)

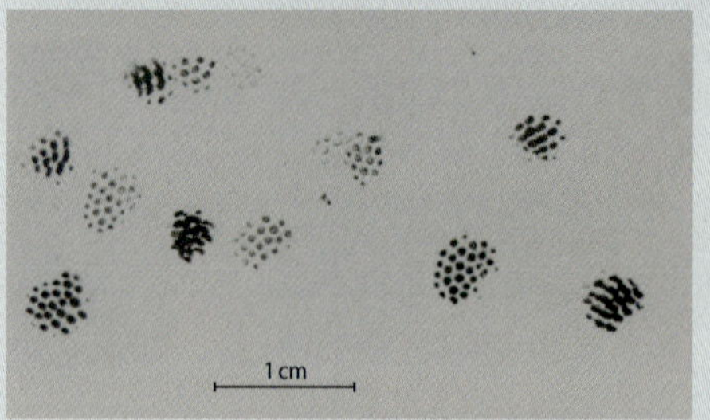

Fußabdrücke vom Steinkauz, mittels einer Tintenfalle erzeugt: Man sieht nur die Abdrücke der Ballen; Zehen und Krallen werden nicht dargestellt.

Dieses Steinkauzgewölle ist etwas länger als 2 cm.

Sperlingskauz *Glaucidium passerinum*

Der Sperlingskauz ist Höhlenbrüter im Wald. Als kleinster heimischer Vertreter der Eulen ist er auf die Höhlen des Bunt- oder Dreizehenspechts (s. S. 153 ff.) angewiesen, nimmt aber gelegentlich auch mit einem Nistkasten vorlieb, besonders wenn er aus einem Naturstamm gefertigt wurde. Winterliche Beutespeicher finden sich auch in unfertigen Höhlen des Schwarzspechts. Die **Gewölle** des Sperlingskauzes erreichen im Mittel eine Länge von 18 und einen Durchmesser von 12 mm. Sie variieren in der Länge zwischen 16 und 45 mm, in der Dicke zwischen 9 und 16 mm. Sie bestehen aus Mäusehaar oder Federn, die Knochen der Beutetiere sind meist stark zerkleinert.

Diese alte, niedrig im Baum gelegene Buntspechthöhle wurde vom Sperlingskauz zur Brut benutzt. Am Ende der Brutphase liegt viel ausgeworfenes Material davor: Mäusehaare, Gewölle, Federn, Kot.

Das brütende Sperlingskauzweibchen reinigt die Höhle und wirft ein Gewölle hinaus.

Auf dem Waldboden vor der Höhle sammelt sich das Material an, darunter viele Federn erbeuteter Vögel, Gewölle, Knochenreste und anderes.

Manchmal finden sich im Auswurf auch Schalen geschlüpfter Eier und eigene Mauserfedern des Altvogels.

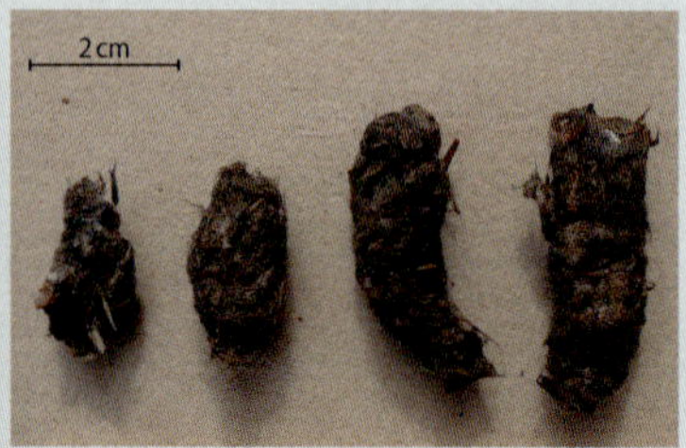

Die Gewölle des Sperlingskauzes sind die kleinsten Eulengewölle, variieren aber erheblich in ihrer Größe. Das längste erreicht hier eine Länge von 4 cm.

Unter einem beliebten Sitzplatz in der Nähe des Brutbaums sammelt sich viel Kot an.

Der Sperlingskauz hat eine erbeutete Singdrossel auf dem trockenen Seitenzweig einer Altfichte abgelegt.

Waldohreule *Asio otus*

Unter den zeitweise im Jahr besiedelten **Gemeinschaftsschlafplätzen** liegen massenweise Gewölle und Kot, im Geäst der Bäume hängen Daunenfedern. Solche Gemeinschaftsschlafplätze können sich im Sommer in Birken oder anderen Laubbäumen bilden, manchmal sogar inmitten einer Siedlung, im Winter ziehen die Vögel aber in Nadelbäume um, wo sie besser gedeckt sind.

Die **Gewölle** der Waldohreule erreichen im Mittel eine Länge von 46 und einen Durchmesser von 21 mm. Sie variieren in der Länge zwischen 37 und 65 mm, in der Dicke zwischen 16 und 27 mm. Wie Uhus nehmen auch Waldohreulen gelegentlich ein Bad im Sand oder Staub. Die **Huderpfannen** lassen sich dann anhand der zurückgebliebenen Federn zuordnen.

Die aufgerichteten Ohrfedern der Waldohreule sind ein Zeichen für Aufmerksamkeit, haben aber nichts mit dem Hören zu tun.

Im alten Krähennest verteilen die Nestjungen ihren Kot ringsum.

Wo eine Eule wiederholt gerastet hat, sammeln sich am Boden Gewölle an.

Ein Rastplatz mehrerer Waldohreulen ist an Mengen von Gewöllen und viel weißem Kot am Boden zu erkennen.

Bei Gewöllen, die längere Zeit der Witterung ausgesetzt waren, kommen mehr und mehr die darin enthaltenen Knochen zutage.

Sumpfohreule *Asio flammeus*

Sumpfohreulen kommen in Deutschland als Brutvögel fast nur noch auf den Ostfriesischen Inseln vor. Hier überwintert auch ein Teil der Vögel. Im Winter nutzen sie vorzugsweise die Vordünen, um dort Beute zu machen. Hier findet man gelegentlich auch **Ruheplätze** der Vögel. Sie liegen am Rand der Dünenvegetation aus Strandhafer oder Strandroggen auf der windabgewandten Seite. Es handelt sich um schwache Eintiefungen am Boden, an deren vorderem Ende Gewölle liegen, während am hinteren Ende weißlicher Kot zu erkennen ist. Einzelne **Gewölle** hinterlassen die Eulen auch an Rastplätzen auf kleinen Erhöhungen im Gelände. Sumpfohreulen sind Bodenbrüter. Am **Nest** liegen häufig Beutereste, bei Mangel an Mäusen sogar Flügelpaare von erbeuteten Seeschwalben. Die Nestnähe muss aus Naturschutzgründen grundsätzlich gemieden werden

Die Sumpfohreule rastet auf einer wenig erhöhten Warte am Boden.

Lebensraum der Sumpfohreule: Vordünen auf der Ostfriesischen Insel Spiekeroog

Hier hat die Sumpfohreule mehrfach gerastet und Gewölle hinterlassen.

An einem Ruheplatz der Sumpfohreule finden sich auf der windabgewandten Seite der Grasvegetation nach außen hin Gewölle, nach innen Kot.

Einzelne Gewölle liegen manchmal auf einer etwas erhöhten Stelle, wo die Eule gerastet hat.

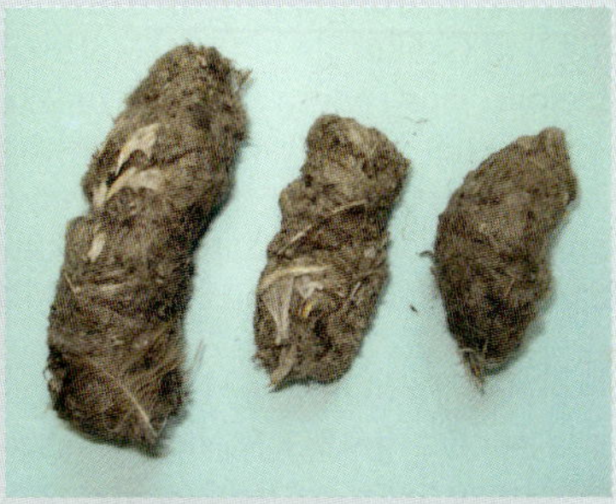

In den Gewöllen lassen sich vor allem Knochen von Kleinsäugern erkennen, insbesondere Kieferknochen mit Nagezähnen. Die beim linken Gewölle sichtbare kleine Feder ist wahrscheinlich sekundär angeklebt.

Uhu *Bubo bubo*

Der Uhu als größte Eule Europas ernährt sich von kleinen bis mittelgroßen Säugetieren, aber auch vielfach von Vögeln, insbesondere von Eulen, Rabenvögeln und Greifvögeln, je nach Angebot. Im Siedlungsraum kommen Ratten und Tauben hinzu. Er liebt auch die Nähe von Gewässern, weil er hier Wasservögel erbeuten kann. An den Rupfplätzen und den Nestern finden sich viele **Beutereste**, zum Beispiel Federn von Rabenvögeln und Mäusebussarden, aber auch sehr häufig die mit Stacheln besetzten Häute der Igel, deren Inhalt vom Uhu verzehrt oder verfüttert wurde.

Uhus brüten früh im Jahr. Der Altvogel ruht am Brutplatz.

Die halbwüchsigen Nestlinge halten sich an der Brutnische im Fels auf. Ringsum liegen Federn und andere Beutereste.

Je nach Ernährung haben die **Gewölle** eine unterschiedliche Zusammensetzung und Größe. Sie enthalten oftmals Igelstacheln und große Knochen. Ein „Gewölle" aus Federn kann bis zu 20 cm lang sein, beispielsweise von einem Junguhu, der eine Krähe nicht richtig rupfte, sondern fast den kompletten Schwanz verschluckte. Die üblichen Gewölle von Uhus erreichen im Mittel eine Länge von 72 und einen Durchmesser von 34 mm. Sie variieren in der Länge zwischen 43 und 129 mm, in der Dicke zwischen 19 und 44 mm.

Wie andere Fleischfresser hinterlässt auch der Uhu an seinen Ruheplätzen **Kot**, der in ziemlich großen Portionen ausgeschieden wird. Eine gelbliche oder rötliche Tönung des sonst weißen Kots scheint auf die Brutzeit beschränkt zu sein.

Uhus baden auch im Sand oder Staub und sonnen sich dabei. Sie graben mit Schnabel und Füßen **Huderpfannen** unter Wurzeltellern oder in Felsnischen, aber auch offen auf einem sandigen Weg. Sie benutzen sie besonders zur Mauserzeit, was an den zurückbleibenden Federn erkennbar ist.

Die Fänge des Mäusebussards hat der Uhu liegen gelassen.

Ein typischer Beuterest ist das Fell eines Igels.

Auch der Igelschädel blieb als Beuterest liegen.

Reste einer Ringelnatter finden sich ebenfalls in der Nähe des Uhubrutplatzes.

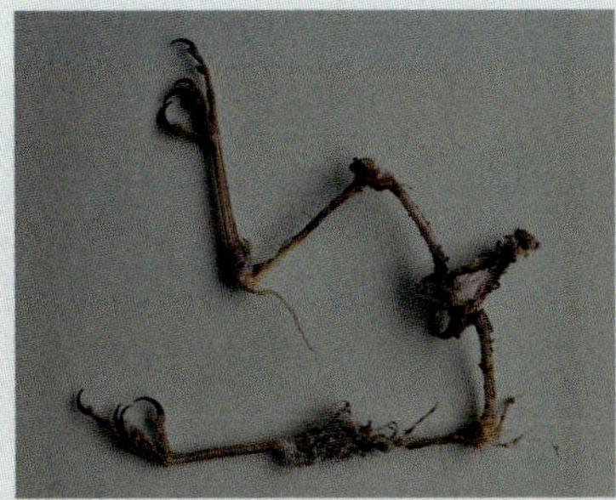

Vom Sperber ließ der Uhu die Hinterextremitäten mit dem Becken zurück.

Von der Ente blieben nur ein paar Federn.

Am Rupfplatz liegt neben den Federn eines Mäusebussards und Igelresten auch ein Gewölle.

Am Uhubrutplatz fand sich auch der Ring einer Haustaube mit Knochenrest.

Uhu im Sonnenbad

In der Nähe des Brutplatzes hat ein Uhu im Staub gebadet und eine Feder hinterlassen.

Waldkauz *Strix aluco*

Der Waldkauz ist im Vergleich zu anderen Eulenarten ein **Nahrungs-Generalist**. Er bevorzugt zwar ebenfalls Kleinsäuger als Beute, wenn es aber nicht genug Mäuse gibt, bedient er sich auch bei Vögeln, Amphibien, Insekten und anderen kleineren Tieren. Nicht alle solche Beutetiere lassen sich in den Gewöllen nachweisen. Wenn in einer Brutkolonie von Wacholderdrosseln über Nacht die Altvögel auf dem Nest geschlagen werden, könnte das auch auf den Waldkauz zurückgehen. Während er selbst auf der Beuteliste des Uhus steht, bedroht er Kleineulen wie Raufuß- und Sperlingskauz, wenn sie in der Dämmerung aktiv sind.

Die **Gewölle** des Waldkauzes erreichen im Mittel eine Länge von 48 und einen Durchmesser von 24 mm. Sie variieren in der Länge zwischen 35 und 80 mm, in der Dicke zwischen 20 und 28 mm. Waldkäuze ruhen und brüten in großen, meist ausgefaulten Baumhöhlen, seltener in Gebäuden.

Dieser Waldkauz hat über Monate hin tagsüber in einer recht engen Höhle in einem viel begangenen Parkgelände gerastet und am Fuß des Baumes Gewölle hinterlassen.

Der Kauz verlässt die geräumige Naturhöhle in einer alten Linde.

Waldkauzbrut in einem Gebäude: Hier ist ein Beutevorrat abgelegt worden, darunter ein Teichhuhn.

Frische oder regennasse Gewölle sind dunkel, trockene hellgrau.

In den Gewöllen sind sowohl Knochen als auch Insektenreste (links) zu erkennen.

In diesem Gewölle ist neben den Feder- und Knochenresten auch der Züchterring enthalten, den die erbeutete Haustaube getragen hat.

Ziegenmelker – Caprimulgidae

Ziegenmelker *Caprimulgus europaeus*

Als Insektenfresser erzeugen Ziegenmelker Speiballen aus Chitinteilen, die aber nur selten zu finden sind. Die Ruheplätze auf Ästen oder am Boden sind allenfalls durch ein Federchen markiert. Der Kot ist trocken und besteht aus kleinen rundlichen schwarzweißen Ballen. Er findet sich selten genug unter Singwarten oder an Ruheplätzen. Die Jungvögel sind Platzhocker. Aus ihrem Kot bilden sich Kotringe rings um ihren Standplatz. Ein Nest wird nicht gebaut.

Ziegenmelker rasten tagsüber am Boden oder auf einem Ast, nach der weißen Flügelmarkierung hier ein Männchen.

Die unscheinbaren Kotballen des Ziegenmelkers sind nur etwa 1 cm groß.

Lichter Wald ist Lebensraum des Ziegenmelkers.

Segler – Apodidae

Mauersegler *Apus apus*

Mauersegler sind Kulturfolger, die fast nur in Gebäuden brüten. Meist sind die Nester unzugänglich in Spalten und Winkeln von Dachböden angelegt, so dass man sie kaum zu Gesicht bekommt. Die Einfluglöcher sind außen mit weißem Kot markiert. Selten brüten Mauersegler auch in **Baumhöhlen**, was vielleicht die ursprüngliche Strategie darstellt, bevor menschliche Siedlungen zur Verfügung standen. In einigen Regionen, wie z. B. im Harz und im Elbsandsteingebirge, hat sich das Baumbrüten als lokale Tradition erhalten. Die Mauersegler benutzen dabei vorwiegend Höhlen des Buntspechts in alten Eichen oder Kiefern.

Unter einem **Mehlschwalbennest**, wie es gelegentlich von Mauerseglern in Besitz genommen wird, findet sich nach Ende der Brutperiode ein Kothaufen der Jungvögel, ähnlich wie bei Mehlschwalben selbst. Mehlschwalbennester, die vom Haussperling in Besitz genommen und mit ihrem Nistbaumaterial angefüllt werden (s. S. 216 ff.), sind für die Mauersegler nicht brauchbar.

Mauersegler sind Kulturfolger und leben fast nur in Siedlungen.

Ein Durchbruch in der Ziegelwand wurde zur Brut benutzt, wie die Kotflecken zeigen.

Zwischen Dachüberstand und Mauer ermöglichte ein Spalt den Einschlupf der Vögel.

Bruterfolg: Zwei junge Mauersegler wachsen im Mehlschwalbennest heran.

Eisvögel – Alcedinidae

Eisvogel *Alcedo atthis*

Eisvögel bauen ihre Bruthöhlen selbst. Sie liegen meist einzeln in kleinen Steilabbrüchen aus Lehm oder festem Sand von 1,50 bis 3 m Höhe an einem Gewässer, angelegt etwa 40 bis 80 cm unter dem oberen Rand. Doch werden auch Wände und Wurzelteller umgestürzter Bäume abseits von Gewässern ausgewählt. Einmal angelegte Höhlen werden in vielen Fällen mehrfach verwendet. Beim Bau sind beide Partner beteiligt. Der Höhlengang ist hochoval bei einer Höhe von etwa 8 cm, die Höhle hat eine Tiefe von 40 bis 80 cm. Der Gang ist so eng, dass der Vogel sich darin nicht umdrehen kann und während des Höhlenbaus rückwärts herauskommt. Der Gang führt leicht aufwärts, so dass kein Regenwasser hineinlaufen, aber Flüssigkeit von innen nach außen ablaufen kann. Am Ende des Höhlengangs wird ein Kessel von etwa 17 cm Durchmesser und 12 cm Höhe gebaut, in dem die Brut stattfindet. Wegen der ausgeprägten Territorialität des Eisvogels finden sich die Höhlen einzeln. Höhlen von Uferschwalben und Bienenfressern sind dagegen fast immer gruppenweise angelegt und bilden Kolonien.

Eisvögel geben die aufgenommenen Fischknochen häufig in Form von **Speiballen** wieder ab, bevor sie den Darm durchlaufen, während andere Fischfresser wie Kormorane und Reiher dies nicht tun. Die Abgabe des Speiballens geschieht eine bis zwei Stunden, nachdem der Fisch gefressen worden ist. Ein Eisvogel-Speiballen ist weißlich bis hellgrau und 1 bis 2 cm lang. Er enthält außer den Skelettknochen der Fische auch Schuppen und Chitinteile von Insekten. Er zerbröckelt beim Anfassen „fast wie Zigarettenasche“ (Heinroth). Die Altvögel geben ihre Speiballen häufig in der Bruthöhle ab, oft sogar schon

In der Nähe der Höhle paaren sich die Partner.

Am Höhleneingang hinterlassen die Vögel weißen flüssigen Kot.

vor der Eiablage. Wenn dann die Speiballen der Jungen noch hinzukommen, sitzen diese auf einer stets dicker werdenden Schicht stacheliger Fischknochen, die nach unten eine isolierende Wirkung gegen Feuchtigkeit entfaltet. Gibt es nahe der Höhle einen bequemen Sitzplatz auf einem Ast, so werden die Unterlage und die Umgebung des Platzes durch weißen **Kot** gefärbt und damit sichtbar markiert. Dort finden sich ebenfalls Speiballen.

Der weibliche Eisvogel ist im Begriff, einen Speiballen auszuwürgen.

Der Speiballen wird unter Kopfschütteln fortgeschleudert.

Der Speiballen besteht vor allem aus Fischgräten und ist deshalb hell.

Bienenfresser – Meropidae

Bienenfresser *Merops apiaster*

Bienenfresser stellen ihre **Bruthöhlen** in senkrechten Sand- und Lösswänden her, meistens kolonieweise. Nur selten werden Höhlen in horizontalen Bodenflächen angelegt, wo sie stärker durch Feinde und Regen gefährdet sind. Bewohnte oder ehemals bewohnte Höhlen lassen am Eingang die Spuren der beiden Vogelfüße erkennen. Manchmal bildet sich sogar eine Mittelspur ab, die von den verlängerten mittleren Schwanzfedern erzeugt wird. Die Höhlen haben eine Tiefe von meist zwischen 100 und 160 cm. Sie bestehen aus einer anfangs geraden, dann abgebogenen Röhre und einer Nestkammer am Ende. Die Höhlen der Bienenfresser werden später häufig von anderen Höhlenbewohnern benutzt, wie zum Beispiel von Haus- und Feldsperling, Steinkauz und Turmfalke, im Süden auch von der Blauracke.

Da sie viel chitinhaltige Insektennahrung zu sich nehmen und das Chitin nicht verdaut wird, geben Bienenfresser **Speiballen** oder Gewölle von sich, in denen vor allem Chitinteile erkennbar sind. Unter Warten nahe der Höhle liegen oft auch Insekten, die den Alt- oder später den flüggen Jungvögeln entfallen sind und die sie nicht aufnehmen, wenn sie erst einmal den Boden erreicht haben.

Bienenfresser ernähren sich vorwiegend von großen Insekten.

Sie besiedeln in Kolonien vorwiegend senkrechte Wände aus Lehm, Sand oder Löss.

Am Höhleneingang und in der Röhre erzeugen die Tarsen beim Einfahren Spuren. Hieran kann man eine gegenwärtig oder kürzlich bewohnte Höhle erkennen.

Am Fuß der Brutwand sammeln sich neben dem Kot auch die Speiballen.

Die Speiballen sind durch die Insektenreste dunkel; Länge: 2 bis 3 cm.

Seltener Anblick: Der Bienenfresser entledigt sich eines Speiballens.

Wiedehopfe – Upupidae

Wiedehopf *Upupa epops*

Obwohl Wiedehopfe bei ihrer Insektennahrung größere Chitinteile wie Flügeldecken, Beine und anderes vor dem Verzehren beseitigen, bilden sie doch Gewölle (Speiballen) aus, in denen sie sich weiterer harter Chitinteile entledigen. Die Bruthöhlen in Bäumen, Gebäuden oder speziellen Nistkästen zeichnen sich durch Geruch aus, der Feinde abstoßen soll.

Wiedehopfe sind bunte Vögel mit auffällig gemustertem Großgefieder.

Die Vögel können durch künstliche mardersichere Nistgelegenheiten in trocken-warmem Klima gefördert werden.

Unter dem Nisteingang finden sich Kotballen und andere Hinterlassenschaften.

Ein seltener Fund: Der Speiballen hat eine Länge von ca. 1,5 cm.

Fußabdrücke eines Wiedehopfes im Sand

Spechte – Picidae

Spechte stellen eine formenreiche Vogelfamilie dar, die nicht zu den Singvögeln gehört, aber ihnen nahesteht. Sie sind in vielen Lebensäußerungen an das **Leben in der Vertikalen** angepasst, das heißt an ein Leben an Bäumen und in Baumhöhlen. Einige Spechtarten sind für die Nahrungssuche teilweise zu Bodenvögeln geworden, wo sie vor allem Ameisen erbeuten.
Durch Höhlenbau, durch hackende, stochernde und bohrende Nahrungssuche am Holz sowie beim Bearbeiten von Zapfen, Nüssen und anderen Früchten hinterlassen Spechte typische, manchmal sogar arttypische Spuren. Bei einigen Arten entstehen durch Ringeln unverwechselbare Lochmuster in Borke und Rinde der Bäume, die bis ins Splintholz reichen können. Manche Spechtarten bevorzugen bestimmte Baumarten für Höhlenbau und Nahrungssuche, was eine Zuordnung erleichtert. Ameisen fressende Arten („Erdspechte") hacken in Ameisenhaufen und im Boden Löcher, die unter Umständen auch Aufschluss über den Verursacher geben. Neben typischen Hackspuren, die auf die Art schließen lassen, gibt es auch weniger typische, bei denen der Artnachweis unklar bleibt, wenn man nicht den Vogel selbst gesehen hat. Die

Leben in der Vertikalen: Ein männlicher Grünspecht füttert den Jungvogel in der Nisthöhle.

Ein alter Bergahorn, von unten aus der Sicht eines Spechtes betrachtet.

Keine Spechtspuren: Die Lentizellen sind Atemöffnungen in der Borke einer Pappel.

Bildtafeln ab Seite 153 stellen Höhleneingänge vergleichend nebeneinander, die sich nach Form und Größe unterscheiden. Höhlenmaße findet man in der Tabelle auf Seite 152. Hack- und Ringelspuren sind vergleichend bei den einzelnen Arten dargestellt. Selten gelingt es, den Kot einer bestimmten Art zuzuordnen; am ehesten ist dies bei den großen Arten möglich: Ein zerbrechlicher weißer Überzug aus Harnsäure umhüllt Insekten-, oft Ameisenreste.

Wenn der Kot eines Grünspechts zerdrückt wird, kommt unter der aus weißer Harnsäure bestehenden Hülle der Inhalt aus Ameisenskeletten zutage.

Solche Abnützungsspuren an der Baumborke werden von Spechten durch das Greifen der Krallen und mit dem Stützschwanz erzeugt, besonders an der Höhle, hier an einer Grünspechthöhle; unten ist eine Höhleninitiale zu sehen, eine begonnene Höhle.

Der junge Buntspecht bearbeitet eine Haselnuss in einer Lochschmiede.

Solche Aushöhlungen in dem Nestbau einer Roten Waldameise können vom Grünspecht oder auch vom Schwarzspecht erzeugt worden sein.

An dieser Zirbelkiefer im Bergwald hat der Dreizehenspecht Ringelspuren erzeugt.

Der Spechtfuß, hier der eines Grünspechts, ist daran angepasst, den Vogel an der senkrechten Baumoberfläche zu verankern und zu halten. Zwei Zehen weisen nach vorn, zwei nach hinten. Die Krallen können feine Spuren an der Borke erzeugen.

Höhlenmaße der Spechte (alle Angaben in Millimeter)

Der Wendehals wird in dieser Tabelle nicht aufgeführt, da er keine eigenen Höhlen herstellt. Daten nach Wimmer & Zahner (2010) u. a.

Spechtart	Durchmesser des Eingangs	Form des Eingangs	Tiefe der Höhle	Innendurchmesser	Baumarten
Grauspecht	54-65 (70)	rund bis hochoval	150-360 (450)	90-125	Laubbäume, bes. Weichlaubhölzer
Grünspecht	63-65	meist rund	250-590	150-220	Laubbäume, Obstbäume
Schwarzspecht	130 x 85	hochoval, „gotisch“	310-550	>250	Buche, Aspe, Nadelbäume
Dreizehenspecht	42-45	rund, oft etwas viereckig	260-300	100-130	Nadelbäume
Buntspecht	45-57	rund bis hochoval	230-450	130-150	Nadel-, Laubbäume, Obstbäume
Blutspecht	35-50	rund	280-390	100-120	Laubbäume, oft Weichhölzer
Mittelspecht	32-35	rund, queroval	210-340	120	Laubbäume, Totäste, bes. bei Pilzbefall
Weißrückenspecht	47-60 (55)	rund bis hochoval	250-370	150-180	Laubbäume, Totäste, bes. bei Pilzbefall
Kleinspecht	32	rund oder oval	100-180	100-120	Obstbäume, Weiden, andere Laubbäume

Der Eingang von Grauspechthöhlen ist oft leicht hochoval geformt.

Der weibliche Grünspecht sitzt an seiner Bruthöhle in einem Obstbaum. Grünspechthöhlen sind kreisrund.

Diese Schwarzspechthöhle ist in einer Kiefer angelegt worden. Größe und Form sind untypisch, durch Überwallung verändert.

Der männliche Dreizehenspecht besucht seine Bruthöhle in einer toten Tanne.

Eine Buntspechthöhle in einem Apfelbaum, mit rundem Eingang von etwa 50 mm Durchmesser

Der Eingang von Buntspechthöhlen ist oft etwas hochoval geformt.

Der Eingang einer Blutspechthöhle ist kreisrund und hat einen Durchmesser von 35 bis 50 Millimeter – in der Größe kaum ein Unterschied zum Buntspecht.

Der Eingang einer Mittelspechthöhle ist kaum größer als beim Kleinspecht.

Über der Mittelspechthöhle eine Höhleninitiale. Wie die Baumpilze zeigen, ist der Baum nicht mehr gesund.

Mittelspechthöhle in einem Olivenbaum.

Die kreisrunden Höhlen des Weißrückenspechts sind etwas größer als die des Buntspechts.

Die Höhleneingänge beim Kleinspecht sind mit ca. 32 mm Durchmesser klein.

Diese Spechthöhle – wahrscheinlich vom Buntspecht gebaut – ist über Jahre hin vom Baum stark umwallt, aber immer wieder offengehalten worden.

Höhlenanschläge werden oft jahrelang belassen, bis der Baum durch Fäulnis leichter zu bearbeiten ist.

Eine alte kernfaule Buche ist vielfach von Spechten bearbeitet worden. Die Höhle ist unbrauchbar.

In isolierten, hohl klingenden Hauswänden versuchen sich Buntspechte ebenfalls mit Höhlenanfängen, manchmal legen sie auch vollständige Höhlen an.

Unter dem **Ringeln** der Spechte versteht man das Anlegen von Löchern in der Borke bzw. Rinde von Bäumen. Der Begriff Ringeln erklärt sich daraus, dass diese Löcher oft in horizontalen Reihen ringförmig um den Stamm angeordnet sind. Das Ringeln ist hauptsächlich von Buntspecht, Mittelspecht und Dreizehenspecht bekannt. Eine gängige Hypothese besagt, dass das Ringeln aus dem Bast (Phloem) der Bäume Saft austreten lässt, in dem Nährstoffe enthalten sind. Dieser Saft wird mit der Zunge aufgenommen. Man kann auch beobachten, dass dabei kleine Insekten verzehrt werden, die sich hier einfinden. Vielleicht spielt auch die reine Flüssigkeitsaufnahme dabei eine Rolle. In einem neueren Werk über das Ringeln der Spechte wurde die Ansicht vertreten, dass das Ringeln nichts mit dem Nahrungserwerb zu tun habe. Die austretende Saftmenge aus dem Holz- und dem Bastteil sei gering, der Gehalt an

Zucker ebenfalls. Das Argument, der Spechtschnabel sei für das Trinken nicht geeignet, verfehlt allerdings sein Ziel: Der Saft wird mit der Zunge aufgeleckt. Allgemein muss gesagt werden: Eine andere schlüssige Hypothese für das Ringeln außer der Nahrungsaufnahme gibt es nicht.

Viele Spechte haben regelmäßig oder gelegentlich mit hartschaligen oder sonst schwer zu erschließenden Nahrungsobjekten zu tun. Sie transportieren sie zu einem vorhandenen oder selbst hergestellten Widerlager an einem Baum und bearbeiten die hier festgeklemmte Beute. Man nennt dieses Widerlager **Spechtschmiede**. Nach Gebrauch belassen die Vögel einen Nadelbaumzapfen oder eine Nussschale darin und entfernen sie erst dann, wenn sie mit einem neuen Objekt zu derselben Stelle zurückkehren. Eine Spechtschmiede ist zwar kein echtes Werkzeug im Sinne der Verhaltensbiologie, entspricht aber wenigstens teilweise gewissen Werkzeugmerkmalen: Herstellen und Wiederverwenden eines Objektes mit der Funktion, die Nahrung besser zu erschließen.

Andere Höhlen bauende Vögel

Unter den Singvögeln bauen nur Hauben- (s. S. 203) und Weidenmeise (s. S. 204) sowie Uferschwalben (s. S. 199) eigene Höhlen. Das gelingt den Meisen mit ihren dünnen, schwachen Schnäbeln allerdings nur in stark vermorschten Birken- oder Weidenstümpfen. Die feste Birkenrinde gibt diesen „Röhren“ mindestens für eine Brutsaison die nötige Stabilität. Die Höhleneingänge sind den Körpermaßen dieser Meisen angepasst, der Höhlenraum variiert jedoch in Abhängigkeit von den Gegebenheiten des Brutbaums. Uferschwalben (s. S. 199) bauen als Koloniebrüter Bruthöhlen in steile Abbrüche aus Sand, Lehm oder Löss. Auch Eisvögel (s. S. 146) und Bienenfresser (s. S. 148) bauen Höhlen in derartigen Erdwänden. Blauracken und Dohlen benutzen Höhlen in verschiedenen Substraten, nehmen aber auch große Spechthöhlen in Bäumen in Anspruch.

Spechte: die Arten

Wendehals *Jynx torquilla*

Der Wendehals ist in vieler Hinsicht anders angepasst als die eigentlichen Spechte. Er ist der einzige Fernzieher unter ihnen und überwintert in den Savannen West- und Zentralafrikas. Er stellt im Brutgebiet keine eigenen Höhlen her, sondern ist auf vorhandene Höhlen angewiesen. Er ist ein auf Ameisen spezialisierter Specht, der seine Nahrung vor allem am Boden sucht. Er benötigt deshalb einen Lebensraum mit offenem Boden und Wiesenameisen. Der Kot dürfte viele Ameisenreste enthalten, von einer weißen Hülle aus Harnsäure umgeben sein, aber in seinen Ausmessungen muss er bedeutend kleiner als derjenige des Schwarzspechts oder von Grün- und Grauspecht sein.

Der Wendehals ist auf fremde Höhlen angewiesen.

Hier hat ein Wendehals in einem Nest von Wiesenameisen ausgiebig Nahrung gesucht.

Grünspecht *Picus viridis* – Grauspecht *Picus canus*

Wegen großer Übereinstimmung werden beide Arten hier gemeinsam abgehandelt. Oft siedeln sie im gleichen Lebensraum (z.B. Auen, Parks, Waldränder), was die Zuordnung von Spuren erschwert. Doch kennt man gewisse Unterschiede. Nach dem Handbuch der Vögel Mitteleuropas bearbeitet der Grauspecht öfter als der Grünspecht morsches Holz, vor allem in Bodennähe. Er sucht auch häufiger als sein Vetter senkrechte Wände ab: Mauer- und Fachwerk, Felswände und Wände von Sand- und Kiesgruben. Auch der Besuch von Futterstellen wird häufig beobachtet, beim Grünspecht ist es dagegen die Ausnahme. Im Gegensatz zum Grünspecht kann beim Grauspecht sogar der Gebrauch einer einfachen Schmiede beobachtet werden. Die lange Zunge befähigt ihn, Ameisen selbst unter Gehwegplatten hervorzuholen oder baumbewohnende Ameisen aus Höhlungen im Holz von Bäumen zu erbeuten. All diese Aktivitäten hinterlassen allerdings kaum erkennbare Spuren.

Anders beim Öffnen von Ameisenbauten am Boden, was für beide Arten typisch ist. Im Winter kann der Grünspecht in die festgefrorenen Bauten der Ameisen *Formica rufa* und *F. pratensis* 75 bis 85 cm tiefe Gänge hacken, die im Erdboden oder bei Schneelage auffallen.

In Gärten oder Parks stellt sich der Grünspecht im Winter wie im Sommer häufig als Gast ein, um im Boden nach Ameisen zu hacken. An Böschungen und auf Wiesen kommt er den Wiesenameisen der Gattung *Lasius* durch trichterförmig angelegte Stocherlöcher bei. Dabei benutzt er seinen Schnabel vorwiegend als Stocherinstrument und Pinzette, weniger als Hammer oder Meißel. Die Hauptaufgabe beim Erbeuten aber fällt der langen Fangzunge zu. Der Vogel hinterlässt dann Löcher von einigen Zentimetern Durchmesser. Daneben kann er weiß eingehüllten Kot von 3 bis 4 mm Durchmesser ablegen. Wenn man den trockenen Kot zerdrückt, sieht man: Er besteht innen vollständig aus Chitinresten von Ameisen. Nachdem der Specht im Boden nach seiner Beute gesucht hat, fliegt er häufig als erstes einen bestimmten Baum an, an dem er den verschmutzten Schnabel wetzt.

Der Eingang einer **Grünspechthöhle** ist häufig kreisrund und misst dann 63 bis 65 mm. Doch gibt es auch ovale Fluglöcher, die 50 bis 75 Millimeter in der Horizontalen und 55 bis 75 Millimeter in der Vertikalen messen. Neue Höhlen werden hauptsächlich im März angelegt. Sie sind daran kenntlich, dass am Fuß des Höhlenbaumes frische Späne am Boden liegen. **Grauspechthöhlen** werden oft an Schwachstellen der Bäume angelegt, unter einem toten Ast oder in einer Krebsgeschwulst. Die Eingänge sind ebenfalls variabel, häufig etwas hochoval. Nicht selten beobachtet man unten am Höhleneingang eine halbrunde Hackstelle wie eine kleine Treppe.

Grünspechte sind Erdspechte, die gern zur Nahrungssuche den Boden aufsuchen, wo sie Ameisen finden. Im Bild ein Weibchen im Alterskleid.

Die Eingänge von Grünspechthöhlen sind mit einem Durchmesser von ca. 65 mm größer als die von Buntspechten und ihren Verwandten.

Grünspechte graben Löcher in die Bauten der Großen Roten Waldameise.

Hier hat ein Grünspecht in der Wiese nach Ameisen gebohrt und Kot hinterlassen.

Auch unter der Schneedecke kann der Grünspecht im Winter Ameisennester finden und aufhacken.

Grauspecht: Das Weibchen streckt die lange Zunge aus.

Auch auf Bäumen gibt es Ameisen zu holen. Im Bild ein Grauspechtmännchen.

Manchmal werden achtförmige „Doppelhöhlen" angelegt.

Schwarzspecht *Dryocopus martius*

Wegen seiner Größe, seiner laut schallenden Stimme und der auffallenden Hinterlassenschaften gehört der Schwarzspecht zu den bekanntesten gefiederten Waldbewohnern.

Nahrungserwerb: Infolge seiner Körper- und Schnabelgröße verursacht unser größter Specht Spuren, die eine Artbestimmung relativ leicht machen. In Altfichten erzeugt er gewaltige Einschläge, um an die Nester von Rossameisen zu gelangen. Stubben und am Boden liegende, angefaulte Stämme werden in Einzelstücke zerlegt, um Käferlarven freizulegen. Bezeichnend sind die unverwechselbar großen, groben Späne, die dabei herausgeschlagen werden – dies im Gegensatz zu den kleineren Spänen, die beim Höhlenbau anfallen. Trockenäste von starken Eichen und der Stamm starker, toter Kiefern können völlig entrindet werden. Stehende tote Bäume werden am faulenden Stammfuß mit tiefen Lochhieben bearbeitet, so dass sie früher fallen und der Zersetzungskreislauf beschleunigt wird. Die weiß mit Harnsäure umhüllten Kotwürstchen, die man an den Hackplätzen leicht finden kann, bestehen innerlich fast ganz aus Ameisenresten.

Schwarzspecht – ein altes Männchen am toten Holz

In einer Altfichte kann der Schwarzspecht auf der Suche nach Rossameisen Einschläge größer als eine Bruthöhle erzeugen und hinterlässt dabei Mengen grober Späne.

Auf dem Haufen von Spänen findet sich manchmal Kot des Spechts.

Die Einschläge des Schwarzspechts in einer Fichte können stark verharzen.

Auch am faulenden Stammfuß einer abgestorbenen Fichte hat der Schwarzspecht gearbeitet.

Morsche Baumstümpfe können im Laufe der Zeit ganz zerlegt werden.

Der Schwarzspecht trägt dazu bei, liegendes faules Totholz am Waldboden zu zerkleinern und damit den Stoffkreislauf zu beschleunigen.

Der Kot des Schwarzspechts ist meist in der Längsrichtung gerollt und mit weißer Harnsäure überzogen, außerdem größer als bei anderen Spechten.

Die **Brut- und Schlafhöhlen** des Schwarzspechts sind die größten Spechthöhlen in Mitteleuropa (Abb. S. 153, Tabelle S. 152). Sie sind an dem großen längsovalen oder unten rechteckigen Eingang kenntlich, der unten nach außen hin abgeschrägt ist, so dass Regenwasser nicht nach innen eindringen kann. Entsprechend wird die Höhle bei schräg stehenden Bäumen auf der abwärts geneigten Seite angelegt. Der Höhleneingang führt ansonsten horizontal oder leicht ansteigend ins Innere.
Als Höhlenbäume werden meist Altbuchen gewählt, oft solche an feuchten oder exponierten Stellen. Im Norden spielen auch Aspen (Zitterpappeln) eine Rolle. Obwohl Nadelbäume wegen des Harzflusses eher gemieden werden, findet man die Höhlen regional auch in Kiefern und Tannen, selten in Fichten. Genutzte Schlaf- oder Bruthöhlen kann man auch außen an der Borke erkennen: Hier gibt es unter dem Höhleneingang eine vom Stützschwanz blank

Bruterfolg: Ein fast flügges junges Männchen schaut aus der Bruthöhle in einer Altbuche.

Kleine Späne kennzeichnen den Fuß eines Höhlenbaums – besonders, wenn am Höhleneingang gegen die Überwallung gearbeitet wird.

Selten wird beobachtet, wie das Männchen während der Brut Kot der Jungen austrägt. Diese Höhle ist im Norden Schwedens in einer Aspe angelegt.

Am Stamm der Altbuche finden sich rings um die Schwarzspechthöhle feine Kratzer der Spechtkrallen und ein größeres Abnützungsfeld.

gescheuerte Stelle und Kratzspuren der Krallen ringsum (vgl. für Grünspecht Abb. S. 151, Buntspecht Abb. S. 169). Noch auffälliger sind frische Bearbeitungsspuren am Höhleneingang. Vom Baum gebildete Überwallungen werden immer wieder beseitigt.

Während bei den meisten Spechtarten die Höhlen in vielen Fällen nur einmal für eine Brut genutzt werden, tun dies Schwarzspechte wiederholt. Im ostpolnischen Urwald-Nationalpark von Białowieza nutzen Schwarzspechte ihre Höhlen in Laubbäumen durchschnittlich 6 bis 7 Jahre lang, in Nadelbäumen sogar bis 10 Jahre. Angehörige anderer Spechtarten verwenden ihre Höhlen in diesem Gebiet durchschnittlich nur 1 bis 6 Jahre lang. Sie stehen, wenn sie nicht mehr vom Erzeuger benötigt werden, vielen Nachnutzern (bis zu 30 Wirbeltiere und viele Insektenarten) zur Verfügung. Zu den zahlreichen Nachnutzern beim Schwarzspecht gehören zuweilen auch Kleiber, die viel Mühe aufwenden müssen, um den Höhleneingang auf ihr artgemäßes Maß zu reduzieren (s. S. 205), damit die Höhle für größere Arten zu blockieren und sie gegen den Zugriff größerer Feinde zu schützen.

Trommelspuren: Ein trommelnder Schwarzspecht kann in der Borke seines Trommelbaums Einschlagspuren hinterlassen. Außerdem finden sich um die Höhle herum Hackspuren in der Borke.

Dreizehenspecht *Picoides tridactylus*

Dieser kleine Specht ist ein seltener Bewohner koniferenreicher Bergwälder der Alpen und einiger hoher Mittelgebirge: Schwarzwald, Bayerischer Wald, Böhmerwald. Daher muss man in vielen Gebieten bei der Spurensuche oder

Dreizehenspechte bauen ihre Höhlen vorwiegend in alten Fichten oder Tannen, hier im Bayerischen Wald.

-zuordnung nicht mit diesem Specht rechnen. Trotzdem lohnt sich eine gewisse Aufmerksamkeit, da immerhin vereinzelte Nachweise fernab der bekannten Siedlungsgebiete bekannt wurden, zum Beispiel im Erz- und im Fichtelgebirge und im Siegerland. In Mitteleuropa ist der Dreizehenspecht hauptsächlich ein Fichtenspecht. Auf anderen Kontinenten hat er sich auch auf andere Nadelbaumarten spezialisiert: In Nordost-Sibirien lebt er in Lärchen, in Nordamerika können auch Kiefernarten an die Stelle der Fichte treten. Die **Höhleneingänge** des Dreizehenspechts sind manchmal eher rechteckig als rund, aber stellen sich häufig in ihrer Form nicht als besonders arttypisch heraus.

Sehr typisch sind dagegen die vom Dreizehenspecht erzeugten **Ringelungen**. Oft findet man sie gehäuft an bestimmten Zirbelkiefern, was eine Bevorzugung einzelner Baumindividuen erkennen lässt. Die langjährige Nutzung führt an dieser hochmontanen Kiefer zu auffälligen Verdickungen am Stamm, die bis

Zum Vergleich: Im Fernen Osten Sibiriens lebt der Specht in Lärchenwäldern.

Im alpinen Bergwald hat der Dreizehenspecht diese Zirbelkiefer geringelt.

Hier bearbeitet der Specht frische Ringelspuren.

Der Dreizehenspecht kann Äste der vom Borkenkäfer befallenen Fichten entrinden. Diese Spuren sind typisch.

Beim Dreizehenspecht sind die Höhleneingänge oft unregelmäßig geformt, hier in toter Fichte.

ins Splintholz reichen: Man kann in Stammlängsschnitten die Jahresringe an diesen Verwundungsstellen auszählen. Aber auch an Fichten, Tannen und Espen wurden Ringelungen durch den Dreizehenspecht festgestellt. Bevorzugt werden ältere gesunde Bäume. In einem schweizerischen Wohngebiet der Spechte wurden auf 20 ha Wald 28 Ringelbäume gezählt, darunter 23 Fichten, 3 Zirbelkiefern und 2 Lärchen. Die Ringelung kann sich von 1 m über dem Boden bis in den Wipfel des Baumes erstrecken, entweder rings um den Stamm verteilt oder vorwiegend auf der Südseite. Der vertikale Abstand der Ringe variiert zwischen 8 und 15 cm. Horizontal sind die einzelnen Einschläge nur 1 bis 2 cm voneinander entfernt, stehen also anscheinend dichter als beim Buntspecht. Oft entstehen dadurch horizontale Rinnen, in denen die Löcher liegen.

Bei uns gilt der Vogel als Spezialist für **Fichtenborkenkäfer**. In befallenen Fichtenbeständen erreicht er eine hohe Siedlungsdichte. Um an seine Beute heranzukommen, kann er die Rinde der befallenen Bäume durch Stochern und seitliches Abstemmen flächig abarbeiten. Sie liegt dann in Haufen oder verstreut unter den Arbeitsbäumen. Nadelbäume werden auf diese Weise kleinschuppig in wenige Zentimeter großen Stücken entrindet, während beim Schwarzspecht große Rindenstücke anfallen.

Alte Ringelspuren an einer Zirbelkiefer im Karwendelgebirge.

Mit quer gerichteten Schnabelschlägen hat der Specht die Borke dieser abgestorbenen Bergfichte flächig beseitigt.

Buntspecht *Dendrocopos major*

Der bekannte Spechtforscher D. Blume (1977) hat den Nahrungserwerb des Buntspechts treffend und knapp beschrieben: „Der Buntspecht ... erbeutet seine Nahrung durch Ablesen von Stämmen, Zweigen und Blättern, durch Stochern, Hacken und Spießen mit der verhornten Zungenspitze. Größere lebende Beute (z. B. kleine Vögel) und Teile von Pflanzen zerhackt er in sogenannten Schmieden. Auch Blattgallen, Eichengallen und Kerne von Steinobst werden aufgehackt.“ Gewisse Verwechslungsgefahr besteht bei Specht-Nahrungsresten von Nüssen und Koniferenzapfen mit den Nahrungsresten von Eichhörnchen und anderen Säugetieren. Eichhörnchen können Walnüsse sauber an der Naht spalten. Auch Rabenvögel (s. S. 188 ff.) nutzen Walnüsse.

Infolge der Vielgestaltigkeit der Nahrungswahl ist die Spurenpalette beim Buntspecht gegenüber den anderen Arten deutlich erweitert, da er in den sogenannten **Schmieden** (selbst gehackten oder vorgefundenen Spalten

Der Buntspecht – hier ein Männchen – ist der häufigste und populärste Specht in Mitteleuropa.

Nicht vom Specht bearbeitet: Diesen Fichtenzapfen hat ein Eichhörnchen oder eine Waldmaus genutzt.

Der junge Buntspecht bemüht sich darum, reifende Haselnüsse zu gewinnen.

Die Haselnüsse werden in einer Spechtschmiede bearbeitet.

In der Schmiede wird die geleerte Nussschale zurückgelassen.

Am Boden sammeln sich später die leeren Nussschalen an.

Die Bearbeitung der Haselnüsse durch den Buntspecht variiert. A Der unerfahrene Jungspecht hat durch ungezielte Schläge vergeblich versucht, die Nuss zu öffnen; B Geöffnete, aber nicht leergefressene Nuss mit Schlagmarken; C Unreife, halb ausgefressene Nuss, die eventuell eine Käferlarve enthielt; D Von der Larve des Haselnussbohrers leergefressene Nuss, die vom Specht vergeblich geöffnet wurde. Der Pfeil zeigt auf das Schlupfloch des Insekts.

Der Buntspecht hat den Kiefernzapfen in der Schmiede zurückgelassen.

Am Fuß des Baumes mit der Schmiede sammeln sich die bearbeiteten Kiefernzapfen an.

oder Löchern an Bäumen) sowohl Koniferenzapfen als auch Nüsse, sonstige Früchte wie z.B. Kirschen und anderes zu bearbeiten versteht. Die sich am Boden ansammelnden Fraß- und Bearbeitungsreste erleichtern oft das Auffinden dieser Schmieden oben am Baum. Oft wird man durch Klopf- und Hackgeräusche zuerst auf diese Stellen aufmerksam. Manchmal sind die Schmieden aber auch in Augenhöhe angelegt.

Schon der antike Schriftsteller Aristoteles (384-322 v. Chr.) wusste von der Fähigkeit der Spechte, eine Schmiede zu verwenden. Wie er beschreibt, klemmte ein zahmer Buntspecht eine Mandel in einen Holzspalt und hackte sie mit drei Schlägen auf. Spechte können recht zahm werden. Ein in neuerer Zeit von Hand aufgezogener, im Käfig lebender Buntspecht kam sogar zu seinem Betreuer heran, um eine mit den Fingern festgehaltene Haselnuss zu bearbeiten. Er meißelte sie mit wenigen Schlägen auf, ohne dem Finger weh zu tun. Die Schmiede bestand also hier aus den Fingern. Zurück bleibt die geöffnete Nussschale.

Der Fichtenzapfen wurde vom Specht bearbeitet und dann in der Schmiede belassen.

Viele bearbeitete Fichtenzapfen am Boden künden von der Tätigkeit des Buntspechts.

Das Buntspechtmännchen bearbeitet eine Kirsche in einer Schmiede.

Der Buntspecht kann die Rinde an einem morschen Baum systematisch weghacken.

Man kann verschiedene Typen von Spechtschmieden unterscheiden: Einfache **Klemmschmieden** sind beispielsweise Spalten in der Borke eines Baumes. Wird das Objekt in eine Astgabel hineingedrückt, spricht man von einer **Gabelschmiede. Nischen- oder Lochschmieden** können Löcher in der Borke oder im Holz sein, oft auf der Oberseite eines Astes; sie können vom Specht durch Hacken an die Größe des Objekts angepasst werden.

Häufig sind die Erntestelle der Zapfen und die Spechtschmiede nicht weiter als 20 m voneinander entfernt. Der Specht transportiert die Zapfen im Schnabel. Da Eichen in der Regel geeignete Spalten in der Borke bieten, um die Zapfen darin einzuklemmen, finden sich häufig unter einer Eiche haufenweise vom Specht genutzte Fichten- oder Kiefernzapfen. Ein Buntspecht kann während eines Winters mehrere Dutzend verschiedene Schmieden verwenden. Die „Hauptschmieden" für Koniferenzapfen werden oft jahrelang benutzt. Für Haselnüsse genügen „Gelegenheitsschmieden", aber auch jahrelang benutzte Schmieden sind hier bekannt.

Beim seitwärts gerichteten Hacken hinterlässt der Specht Spuren auf der Holzoberfläche.

Die Eingänge der Buntspechthöhlen sind häufig hochoval geformt. Sie messen durchschnittlich 45 bis 57 Millimeter.

In der Umgebung der Höhle wirkt die Borke oft abgenutzt.

Der hohle Klang isolierender Wände veranlasst den Specht dazu, Einschläge oder sogar ganze Höhlen darin anzulegen.

Buntspechte tragen auch **Walnüsse** vom Nussbaum zu einer Spechtschmiede, oder sie bearbeiten sie im Nussbaum selbst, wenn sich dazu Gelegenheit bietet. Sie sind in der Lage, die Nuss an der Naht in zwei Teile zu spalten. Wenn sie danach die eine Hälfte in der Schmiede bearbeiten, müssen sie die andere Hälfte in der Zwischenzeit aufheben. Möglicherweise klemmen sie das Stück zwischen Brust und Baum ein. Inzwischen wartet unter Umständen schon eine Kohl- oder Blaumeise darauf, die Reste aus der Nussschale herauszupicken, die der Specht in der Schmiede zurücklässt.

An toten oder absterbenden Eichen, Buchen und anderen Bäumen erzeugen Buntspechte durch seitliches **Abstemmen** der Stammrinde typische Muster. Leider kann man diese Spuren kaum von denen des Weißrückenspechts unterscheiden – falls beide im gleichen Gebiet vorkommen. Wimmer & Zahner (2010) und auch Stadlmaier (unveröff.) bringen allerdings eindeutige Fraßbilder des Weißrückenspechts, bei dem ausgeprägte horizontale Querrillen im Bereich der abgestemmten Rinde sichtbar sind. Buntspechte können auch, z. T. kopfunter hängend, lange an Totästen arbeiten und sie von Rinde befreien. In größerer Höhe der Bäume wird man die entstandenen Spuren bestenfalls mit dem Fernglas ausmachen können. Dabei entstehen ebenfalls quer verlaufende Hackspuren des Schnabels auf der Holzoberfläche.

Bei **Ringelungen** an Ulmen, Eichen, Linden, Ahornarten und vielen anderen Bäumen erlauben die horizontal oder schräg angelegten Lochmuster bislang keine eindeutige Unterscheidung zwischen Bunt- und Mittelspecht, falls beide Arten nebeneinander vorkommen. In Höhen über 500 m ü. NN ist allerdings eher mit dem Bunt- als mit dem Mittelspecht zu rechnen. Beim Buntspecht haben die übereinander liegenden Ringe etwa 9 bis 11 cm, die nebeneinander angelegten einzelnen Einschläge einen Abstand von (1) 3 bis 4,5 cm. Man kann am Stämmchen einer jungen Bergulme bis zu 174 Einschläge auf

Das Buntspechtmännchen ringelt einen jungen Bergahornstamm.

An einer frisch geringelten Stelle tritt Baumsaft aus.

einen Meter Länge zählen. An größeren geeigneten Bäumen reihen sich zuweilen mehr als 100 Ringe übereinander an. Die Aktivität der Spechte an den Ringelbäumen beginnt jahreszeitlich im zeitigen Frühjahr mit dem steigenden Saft im Baum, sie kann sich bis in den Sommer hinein fortsetzen.

Über die Bedeutung des Ringelns gibt es Diskussionen. Trotz neuer Deutungsversuche halten die meisten Autoren die von Blume (1977) zusammengefassten Beobachtungen nach wie vor für schlüssig und überzeugend: Der Specht nimmt dort Baumsaft auf, gegebenenfalls auch angelockte Insekten. Das beweisen auch Videoaufnahmen.

Blutspecht *Dendrocopos syriacus*

Der Blutspecht setzt in jüngerer Zeit die im 20. Jahrhundert begonnene nördliche Ausbreitung fort, vielleicht als „Klimavogel". Der Vogel stimmt in vieler Hinsicht mit dem Buntspecht überein, ist aber in seinen südöstlichen Vorkommensgebieten besonders auf Walnüsse und andere Früchte spezialisiert. Selbst Nestjunge werden schon weitgehend mit pflanzlicher Nahrung versorgt, auch mit Aprikosen, Zwetschgen und Weinbeeren. Das ganze Jahr über benutzen Blutspechte Schmieden, um Walnüsse und die sehr harten Mandelkerne zu öffnen, dazu auch andere Steinfrüchte. Diese werden vorweg in Schmieden vom Fleisch befreit. Walnüsse können allerdings auch durch ein in eine Schalenhälfte gehacktes Loch geleert werden. Man findet dann die entsprechend bearbeiteten Schalenreste. Das Zurichten von Schmieden ist nicht beobachtet worden. Es gibt Hinweise darauf, dass Blutspechte Vorräte anlegen. Zum Ringeln liegen keine Nachweise vor.

Der Blutspecht bewohnt offene Kulturlandschaft im südöstlichen Mitteleuropa, hier im österreichischen Burgenland. Er legt seine Höhlen häufig in Birken und Weiden an.

Auch diese beiden Kastanienstämme inmitten einer Ortschaft sind vom Blutspecht als Höhlenbäume genutzt worden.

Der männliche Blutspecht besucht seine Höhle in einer Weide.

Die Höhleneingänge der Blutspechte sind kreisrund und erreichen einen Durchmesser von 35 bis 50 mm.

Mittelspecht *Leiopicus medius*

Der Mittelspecht ist bei der Nahrungssuche ein typischer „Absammler“, der stochernd und bohrend die Rinde meist rauborkiger Bäume bis in den Kronenbereich absucht. Dabei hinterlässt er kaum verwertbare Spuren. Mit seinem schwachen Schnabel hackt er nur beim Höhlenbau und beim Ringeln. Die Bruthöhlen legt er meist in morschem Holz an, z. B. im Ansatz von Totästen, ausgefaulten Astansätzen oder in stark von Pilzen zersetztem Stammholz. Das Ringeln ist von ca. 3 m Höhe am Stamm bis in den oberen Kronenbereich zu beobachten. Mit einigem Aufwand – Vermessen einer größeren Zahl von Ringellöchern – sollte es möglich sein, die vom Mittelspecht stammenden Löcher (dank der geringeren Schnabelgröße) von denen des Buntspechts zu

Das Mittelspecht-Männchen sitzt an einem dünnen Bergahorn-Stamm mit Spuren des Ringelns.

Mittelspecht-Weibchen an der Bruthöhle in einer alten Platane.

unterscheiden. Videoaufnahmen belegen beim Mittelspecht den Einsatz der Zunge beim Aufnehmen von Baumsaft an einem Bergahorn.

Mittelspechte können auch Schmieden benutzen, die sie aber weder selbst herstellen noch bearbeiten. Da sie die Schmieden nach Gebrauch nicht räumen, kann man manchmal etliche Samenschalen übereinander in einem Riss am Baum finden. Mittelspechte nutzen im Sommer gern Früchte – Kirschen, Vogelkirschen und Birnen – als Nahrung.

Aus einer Höhleninitiale kann später eine komplette Höhle entstehen.

Spuren der Ringelung durch den Mittelspecht an einem Obstbaum in einer rheinischen Streuobstwiese.

Weißrückenspecht *Dendrocopos leucotos*

Der seltene Weißrückenspecht gilt als Urwaldspecht schlechthin. Er benötigt reich strukturierte Wälder mit hohem Anteil an toten, alten Laubbäumen,

Das alte Männchen des Weißrückenspechts an einem Totholzstamm.

Der Eingang einer Höhle des Weißrückenspechts variiert um einen Durchmesser von 55 mm.

wie sie Bergmischwälder der Alpen, selten auch die Nationalparke des Böhmer- und Bayerischen Waldes bieten. Bruthöhlen wurden bisher in morschen Buchen, in Aspen, Erlen und Birken gefunden. Die Schwierigkeit, die beim seitlichen Abstemmen der Rinde entstehenden Hackspuren von denen des Buntspechts zu unterscheiden, wurde oben bereits erläutert. An morschen Stammteilen von Erlen, Weiden und Espen werden auch tiefe Löcher gehackt, um an Larven von Bockkäfern und anderen Holzbewohnern zu gelangen. Über Ringeln ist beim Weißrückenspecht nichts bekannt. An toten Stämmen würde es auch keinen Ertrag in Form von Saft bringen.

Beim Hacken am morschen Weidenstamm fliegen die Späne.

An den Arbeitsstellen des Weißrückenspechts sind quer laufende Hackspuren zu erkennen. Sie sind jedoch kein exklusives Artmerkmal.

Selten dokumentiert: Wendehals und Weißrückenspecht im Konflikt.

An einer abgestorbenen Grauerle hat der Weißrückenspecht recht tiefe Einschläge produziert.

An diesem toten Stamm einer Grauerle sind ausgeprägte quer verlaufende Hackspuren zu sehen.

Relativ scharf eingeschnittene Einschläge deuten auf den Weißrückenspecht hin. Der Buntspecht hat einen kürzeren und weniger spitzen Schnabel.

An diesem toten Stamm einer morschen Moorbirke hat der Weißrückenspecht in der Art eines Schwarzspechts nach den Larven des Bockkäfers *Toxotus cursor* gefahndet.

An einer toten Birke hat der Specht auch in die Tiefe des Stammholzes hineingearbeitet.

Lebensraum des Weißrückenspechts in einem Urwaldreservat im Bayerischen Wald.

Kleinspecht *Dendrocopos (Dryobates) minor*

Der Eingang der **Bruthöhlen** der kleinsten Spechtart ist durch die geringen Maße von etwa 32 mm Durchmesser eindeutig zuzuordnen (Tafel S. 152). Oft werden dazu Bäume mit dünnem Stammdurchmesser (>12 cm) ausgewählt oder auch die Unterseite fast waagerechter Seitenäste mit Faulstellen von Obstbäumen, Pappeln, Weiden und anderen Laubbäumen. Die Kammer einer neu angelegten Bruthöhle des Kleinspechts in einem dünnen, überhängenden Weidenstamm wurde vom Buntspecht aufgehackt. Auf diese Weise belegen die Hackspuren die erfolgte Nestprädation. Fotos von **Hackspuren** des Kleinspechts sind nur dann zuzuordnen, wenn der Fotograf den Vogel bei der Arbeit direkt beobachten kann. Ein solcher Vogel stemmte dabei oberflächlich Rindenschuppen der rauen Erlenrinde ab, um darunter verborgene Insekten, Larven oder Eier freizulegen. Wenn der Winzling hoch in der Baumkrone bei der Nahrungssuche ist, gelingt es selten, Spuren seiner Arbeit zu erkennen. Im oberen Kronenbereich lebende Ameisen, aber auch Blattläuse werden dort erbeutet.

Kleinspechte erzeugen runde Höhleneingänge mit einem Durchmesser von nur etwa 32 mm.

Der männliche Kleinspecht füttert an einer Höhle, die in einem schräg liegenden morschen Stamm angelegt wurde.

Die Kleinspechthöhle (oben) wurde beim Einbruch des Buntspechts (unten) ausgeraubt.

Der weibliche Kleinspecht hinterlässt in der Borke der Erle Markierungen, wo er Stücke weggehackt hat.

Singvögel

In den folgenden Teilen dieses Buches fehlen viele Arten und ganze Artengruppen, weil sie keine auffallenden Hinterlassenschaften hervorbringen. Das hat unter anderem schon damit zu tun, dass viele Singvögel klein sind. Kot und Speiballen kann man kaum finden und schon gar nicht bestimmen. Für kleine Funde bieten sich beim Fotografieren als Größenvergleich die fast überall vorkommenden und in Massen produzierten Früchte der Hängebirke *Betula pendula* an: geflügelte Nüsschen von etwa 3 mm Länge. Beim Nahrungserwerb lassen die Vögel in den meisten Fällen außer dem Kot keine Spuren zurück. Die Ausnahmen werden hier an einer kleinen Zahl von Beispielen behandelt. Ansonsten bauen Singvögel in vielen Fällen interessante Nester. Diese werden hier nur an Einzelbeispielen besprochen, weil sie in anderen Quellen schon eingehend dargestellt worden sind.

Singvogelkot auf den Blättern des Schwarzen Holunders: Man kann den Verursacher nur mit direkter Beobachtung herausfinden.

Kotflecken auf einem Grabstein auf dem Friedhof. Zum Größenvergleich rechts daneben das dreilappige Tragblatt von 3 mm Länge aus dem fruchtenden Birkenkätzchen (s. S. 222).

Würger – Laniidae

Würger sind mittelgroße Singvögel, die in ihrer Ernährung in vieler Hinsicht den Greifvögeln entsprechen. Sie neigen dazu, Vorräte anzulegen, wenn das Angebot an Nahrung reichlich ist. Solche Vorräte aus Insekten oder kleinen Wirbeltieren spießen sie auf Stacheln oder Dornen eines Strauchs oder Baumes auf oder klemmen sie in einer Astgabel fest. Dieses Aufspießen oder Einklemmen von Beutestücken ist ihnen auch nützlich, wenn es gilt, größere Beute zu zerkleinern, die sie nicht mit den Füßen festhalten können.

Neuntöter *Lanius collurio*

Der Neuntöter ist ein in Mitteleuropa noch häufiger, aber nur lokal verbreiteter Sommervogel.

Das Neuntöter-Männchen kann auch den Stacheldraht in seinem Lebensraum nutzen.

Der Speiballen des Neuntöters ist kaum länger als 1 cm und besteht aus Insektenresten.

Raubwürger *Lanius excubitor*

Der Raubwürger ist ein seltener Brutvogel und kann am ehesten als Wintergast nordischer Herkunft beobachtet werden, am meisten im heckenreichen Offenland. Er erjagt hauptsächlich kleine Wirbeltiere, vor allem Mäuse, daneben auch Vögel und Reptilien. Manche Individuen können sich wenigstens vorübergehend auf Feldlerchen spezialisieren. Sie hinterlassen dann vollständige Handflügel. In der warmen Jahreszeit spielen Insekten eine größere Rolle.

Der Raubwürger hat eine Waldeidechse erbeutet.

Er klemmt die Beute in eine Astgabel ein.

Diese Maus wurde in der Verzweigung eingeklemmt.

Diese Wühlmaus wurde von einem Raubwürger erbeutet und im Rosenstrauch aufgespießt.

Von einer erbeuteten Lerche blieben die Handflügel übrig.

Der Raubwürger hat eine Hummel auf einen Dorn aufgespießt.

Im Speiballen eines Raubwürgers sind Insektenreste zu erkennen.

Die tote Waldeidechse ist in der Astgabel gesichert.

Rabenvögel – Corvidae

Rabenvögel sind zumeist Nahrungsgeneralisten. Sie sind in hohem Maße lernfähig, manche unter ihnen sind in der Lage, Werkzeuge zu benutzen und sogar herzustellen. Sie legen Nahrungsverstecke an, deren Lage sie sich verlässlich merken können. Leider kann man einer im Boden versteckten Walnuss nicht ansehen, ob sie von einem Kolkraben, einer Raben- oder Saatkrähe, einem Häher oder einem Eichhörnchen vergraben worden ist. Kolkraben sind hier besonders klug, halten ihre Verstecke geheim und wissen, zuschauende Artgenossen oder Artfremde über ihre Verstecke zu täuschen.

Die **Fußspuren** der Rabenvögel zeichnen sich durch eine schlanke Form aus, die aus der langen Mittelzehe, der gleichfalls langen Hinterzehe und den geringen Winkeln zwischen den Zehen resultiert. Die Fußspur ist bei allen deutlich in Ballen untergliedert. Die Zehen sind breiter als bei gleich großen Tauben. Sehr große und breite Abdrücke stammen vom Kolkraben, die kleinsten von der Dohle. Diejenigen mittelgroßer Rabenvögel wird man jedoch nach Form oder Größe nicht immer einer Art zuordnen können. Fußspuren von Raben- und Nebelkrähen findet man häufig im Sand an den Küsten und an Gewässerufern.

Fußabdrücke von verschiedenen Rabenvögeln im Vergleich

Tannenhäher

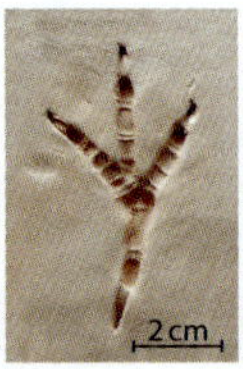

Dohle

Rabenkrähe

Saatkrähe

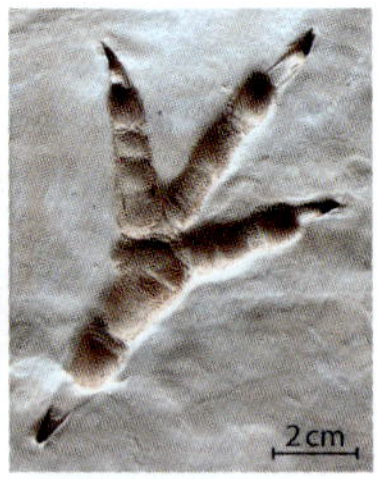

Kolkrabe

Alle Rabenvögel wie diese Nebelkrähe am Strand bewegen sich meist schreitend fort.

Alpendohle *Pyrrhocorax graculus*

Alpendohlen sind findige und soziale Bergbewohner, die sich rasch scharenweise einstellen, wenn Menschen auftauchen und ihr Picknick auspacken. An einem Apfel hinterlassen sie ähnliche Pickspuren, als wenn eine Amsel oder Drossel daran gepickt hat.

Zwei Alpendohlen sind von einem mitgebrachten Apfel angelockt worden.

Der Apfel sieht nicht anders aus, als wenn eine Amsel von ihm gefressen hätte.

Elster *Pica pica*

Elstern sind ebenso wenig spezialisiert wie die anderen Rabenvögel der Kulturlandschaft. Sie suchen die meiste Nahrung im Offenland, wie z. B. auf Wiesen, aber vermehrt auch im Siedlungsbereich. Sie nutzen aber auch Aas und geben sich mit Nussfrüchten ab. Junge Walnüsse sammeln sie am Boden auf oder pflücken sie vom Baum und öffnen sie mit dem Schnabel. Auch das Abwerfen von reifen Walnüssen wird beobachtet. Nach einer vereinzelten Beobachtung hat eine Elster Schneckengehäuse nach Drosselart (s. S. 214) auf einem Stein zertrümmert, um sich den Inhalt zugänglich zu machen.

Elstern sind vorsichtig und neugierig. Sie ernähren sich wie andere Rabenvögel als Generalisten.

Eine Elster nimmt eine Walnuss an sich. Sie ist in der Lage, sie auf verschiedene Weise zu öffnen.

An den Resten eines toten Kaninchens haben Elstern gepickt.

Die Elsternnester fallen oft erst auf, wenn das Laub gefallen ist.

Dabei bleiben entsprechende Spuren zurück. Ebenso erzeugen sie Speiballen und legen Nahrungsverstecke an, die sie nach wenigen bis zehn Tagen nutzen. Sie sind fähig, ein solches Versteck auch im 20 cm dicken Schnee zu orten und auszugraben.

Elsternnester sind durch ihren Überbau mit dornigen Zweigen recht gut geschützt, können aber trotzdem von Rabenkrähen geplündert werden. Wie Krähennester können sie später von anderen Vogelarten zur Brut genutzt werden, beispielsweise von Waldohreulen und Turmfalken.

Tannenhäher *Nucifraga caryocatactes*

Tannenhäher beginnen ähnlich wie Raben- und Nebelkrähen nach Ende der Brutzeit im Sommer und Herbst systematisch damit, Nussfrüchte zu sammeln und sie in Verstecken zu speichern. In den Hochalpen (und in Sibirien)

Hochmontaner Fichten-Zirbelkiefernwald im Villnöser Tal/Südtirol – Lebensraum des Tannenhähers.

Die Zapfen der Zirbelkiefer werden im Spätsommer vom Tannenhäher geerntet.

ernten sie **Zapfen** von Zirbelkiefern der verschiedenen Arten, entnehmen ihnen die Samen und bringen sie in gut getarnten Bodenverstecken unter. Sie können sich Tausende solcher Verstecke merken und sie im Winter selbst unter einer Schneedecke wiederfinden. Der Versteckinhalt kann auch noch für die Aufzucht der Jungen im nachfolgenden Frühjahr verwendet werden. Viele der Verstecke werden nicht ausgeräumt. Aus ihnen können dann Gruppen von Zirbelkiefern („Zirbennester") keimen. Auf diese Weise trägt der Tannenhäher zur Vermehrung und Ausbreitung der Kiefern bei. Wenn diese Bäume später zu zweit oder zu dritt dicht nebeneinander wachsen, so ist das als Folge des Samenversteckens durch den Tannenhäher anzusehen. Im Mittelgebirge sind die Vögel auf **Haselnüsse** spezialisiert, die sie ebenso wie die Zirbensamen behandeln. Sehr bezeichnend sind hier die gruppenweise aus den Verstecken keimenden „Haselwüchse", alles Zeichen für die Tätigkeit des Tannenhähers. Die halbierten Nußschalen findet man an Baumstümpfen, die als Schmieden dienen.

Zwei junge Tannenhäher, die noch gefüttert werden.

Bettelnde Jungvögel werden noch aus der Vorratshöhle versorgt.

Der Zapfen ist frisch geleert und trocknet bald aus.

Der Vogel hinterlässt einen Zapfenfriedhof, ein wahres Schlachtfeld von geleerten Zapfen.

Zur Erntezeit frisst er nur selten von den Samen und lässt dann die Samenschalen neben dem geleerten Zapfen liegen.

Am ausgewählten Platz legt er die Samen einzeln in ein vorbereitetes Loch im Boden.

Die Samen werden tief in den Boden gestoßen.

„Schmiede" mit zum Teil geleertem Zirbenzapfen

Ein ehemaliges Versteck von Zirbensamen. Von den zahlreichen Keimlingen bleiben später nur wenige übrig.

Der Speiballen eines Tannenhähers kann länger als 3 cm sein. Er enthält Schalenbruchstücke von Zirbensamen oder Nüssen.

Eichelhäher *Garrulus glandarius*

Ebenso wie Tannenhäher sammeln auch Eichelhäher im Sommer und Herbst **Früchte**, die sie im Kehlsack transportieren und in Bodenverstecken unterbringen. Eichelhäher verstecken einzelne Eicheln, aber auch ganze Gruppen von Bucheckern. Aus nicht geräumten Verstecken entwickeln sich junge Eichen oder Buchengruppen. Der Eichelhäher sät den Wald! Im Frühjahr suchen und verzehren sie gern noch die schon keimenden Eicheln, da diese nach dem Abbau der gespeicherten Stärke viel Malzzucker enthalten.

Eichelhäher sind auch dabei beobachtet worden, wie sie serienweise Schnirkelschnecken auf einen Baumast tragen, dort mit den Füßen festhalten und nach dem Abpicken der Schalen den Weichkörper verzehren. Sie hinterlassen dann die Schalenbruchstücke, so wie es eine Singdrossel an ihrer Schneckenschmiede tut (s. S. 214).

Der Vorliebe für Eicheln verdankt der Eichelhäher seinen Namen.

Fliegende Eichelhäher transportieren Eicheln im Kehlsack und zusätzlich eine im Schnabel, oft kilometerweit, um sie dann in Bodenverstecken zu bergen.

Diese Gruppe von Buchenkeimlingen geht auf die Tätigkeit des Eichelhähers zurück („Buchennest"), der neben Eicheln auch Bucheckern sammelt und speichert.

Auch Eichelhäher produzieren Speiballen unterschiedlichster Zusammensetzung.

Dohle *Coloeus monedula*

An ihren Brutplätzen tragen Dohlen vor der Brutzeit viel **Nistbaumaterial** ein, vor allem Zweige. Manches davon entfällt ihnen bei einer Rast auf einem Baum oder an einem Gebäude und liegt dann am Boden, ohne dass die Vögel es wieder aufsammeln würden.

Dohlen kümmern sich schon früh im Jahr um reifende **Kirschen**. Sie fallen gruppenweise in Kirschbäume ein, selbst wenn die Kirschen noch grün sind. Diese haben dann zwar weniger Zucker, aber mehr Protein. Zurück bleiben angepickte Früchte am Boden.

Dohlen ernten ebenso wie andere Rabenvögel gelegentlich reife **Walnüsse**. Dass sie die hartschaligen Früchte durch Abwerfen öffnen, ist nicht bekannt, doch ist beobachtet worden, dass eine Dohle Rosskastanien aus zehn Metern Höhe abgeworfen hat, um die Schale zu sprengen. Sie verstehen sich aber darauf, eine Walnuss mit dem Fuß auf festem Untergrund festzuhalten und ein Loch in die Schale zu schlagen oder die Schale an der Naht zu spalten. Man findet unter Dohlenruheplätzen sauber in der Mitte gespaltene Walnussschalen. Ansonsten liegen an solchen Stellen je nach Jahreszeit und Ort auch **Nahrungsreste** wie Brotstücke, Getreideähren, Zwetschgen und andere Früchte. Bei Schneelage hinterlassen Dohlen vielerlei **Fußspuren**.

Die beiden Dohlenpartner tragen viel pflanzliches Nestbaumaterial ein.

Der Speiballen einer Dohle übersteigt kaum die Länge von 3 cm.

Das eingetragene Baumaterial kann sich in einem Kirchturm massenweise aufhäufen.

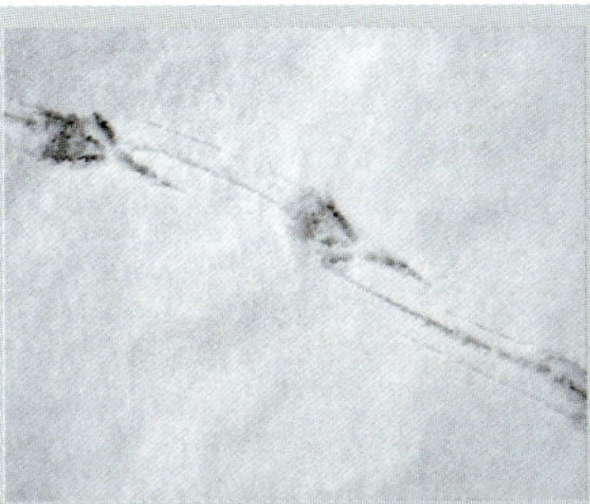

Eine zügig durch den Schnee gehende Dohle hinterlässt Fußabdrücke und dazu die Schleifspuren der Mittelzehe.

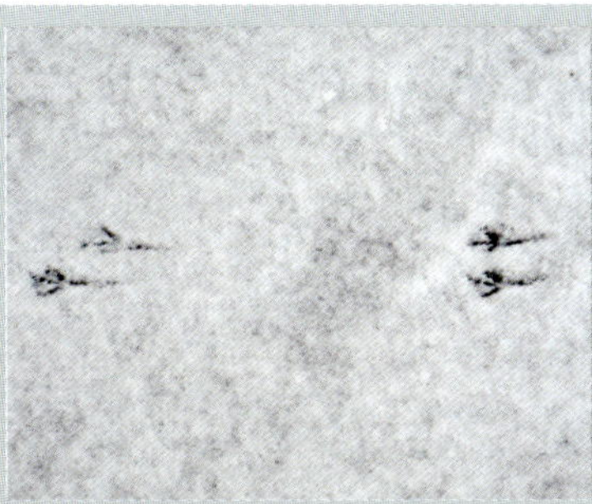

Der Schnee zeigt es: Dohlen können auch hüpfen.

Hier ist eine Dohle angekommen und hat in den Schnee gepickt.

Unter dem Schlafbaum finden sich Kot und Mauserfedern.

Unter den Ruhebäumen liegen mancherlei Nahrungsreste: eine leergefressene Walnussschale, eine vertrocknete Zwetschge und eine Weizenähre.

Im Wald brüten Dohlen gern in Schwarzspechthöhlen.

Raben- und Nebelkrähe *Corvus corone, C. cornix*

Obwohl sie große Teile ihres Lebens auf Bäumen zubringen, bewegen sich Krähen wie die meisten anderen Rabenvögel am Boden im typischen Gang vorwärts: Sie setzen einen Fuß vor den anderen. Das sieht man ihren Laufspuren an.

Für Krähen und viele andere Lebewesen stellt der Inhalt reifer **Walnüsse** eine energiereiche und begehrte Nahrung dar. Doch können sie die dickschaligen Nüsse nicht ohne Weiteres mit dem Schnabel öffnen. Daher sind sie seit den 1970er und 1980er Jahren an vielen Orten in Mitteleuropa auf andere Techniken verfallen. Sie tragen die Nuss im Flug in die Höhe und lassen sie über einer gepflasterten Straße, einem Flachdach oder einem anderen harten Untergrund aus geeigneter Höhe fallen. Man spricht hier mit einem englischsprachigen Begriff vom Shell-dropping von Nüssen. Der Abwurf kann auch von einer Dachkante aus erfolgen. Im günstigen Fall zerspringt dann die

Die Rabenkrähe ist eine kleine Ausgabe des Kolkraben.

Die Laufspur einer Rabenkrähe bildet sich am Sandstrand besonders gut ab

Krähen sind an der Sandküste häufig und hinterlassen dort Fußspuren und Kot.

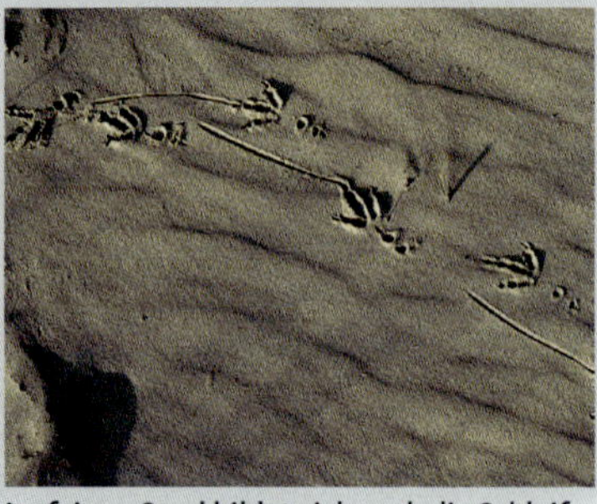

Im feinen Sand bildet sich auch die Schleifspur der Mittelzehe ab.

Schale der Nuss, und die Krähe kann den Inhalt herauspicken oder die Reste mitnehmen. Ist die Nuss nicht zersprungen, versucht es der Vogel erneut. Als Hinterlassenschaft bleiben die leeren Schalenstücke zurück. Manche dünnschaligen Walnusssorten können auch ohne diesen Trick leicht von der Krähe gespalten oder aufgehackt werden. Sie werden aber auch abgeworfen, was offenbar leichter zum Erfolg führt. Neuerdings wird auch noch über eine andere Technik berichtet: Eine Rabenkrähe klemmt die Nuss in einen Spalt zwischen zwei Giebelziegeln eines Daches ein und hackt sie in diesem Widerlager auf. Das Verfahren entspricht dem Prinzip Spechtschmiede. Bevor die Nuss mitgenommen wird, muss die schwarz verwesende äußere Fruchthülle entfernt werden, falls sie noch vorhanden ist. Dies bewerkstelligen die Vögel entweder direkt beim Aufsammeln oder in der Nähe auf einem Schornstein oder einem anderen Sitzplatz. Bevor sie eine Nuss mitnehmen, sind sie durchaus wählerisch, nehmen manche Nuss in den Schnabel und lassen sie wieder fallen. Sie können lernen, leichtgewichtige Nüsse, die von Schwarzfäule oder einem anderen Schädling befallen sind, zu erkennen und zu vermeiden. Nur

Reifende Walnüsse sind im Herbst für Krähen attraktiv.

Die Krähe nimmt eine sorgsam ausgewählte Walnuss vom Boden auf.

Die fliegende Rabenkrähe bringt die Walnuss zu einem Abwurfplatz.

Hier hat eine Krähe nach einer Nuss gesucht. Ähnlich sieht es aus, wenn sie eine Nuss aus einem Bodenversteck entnommen hat.

manche dieser „schlechten“ Nüsse werden trotzdem ergebnislos geöffnet. Möglicherweise können die Vögel auch noch weitere Techniken entwickeln und tradieren oder verfügen regional bereits über solche Verhaltensweisen.

Man kann die gelehrigen Raben- und Nebelkrähen auch füttern, indem man Walnüsse aus geeigneter Höhe, beispielsweise von einem Balkon oder einem Fenster aus, auf die Straße wirft. Auf viel befahrenen Straßen können die Nüsse zu Brei zerfahren werden und sind dann für die Krähe in vielen Fällen kaum mehr brauchbar. In Japan haben die dort lebenden Dickschnabelkrähen noch eine weiter gehende Technik entwickelt. Sie warfen die Nüsse bei Zebrastreifen ab, ließen sie von den Autos zerfahren und holten sich dann den Inhalt, wenn der Verkehr durch Rotlicht gestoppt wurde. Solcher Art Beobachtungen werden auch hierzulande gelegentlich gemacht.

An den Küsten können Krähen genauso wie Silbermöwen große **Miesmuscheln** aufnehmen und aus dem Flug auf harten Untergrund fallen lassen.

Nachdem die Krähe eine Nuss abgeworfen hat, bleiben Reste der Nussschalen auf der Straße zurück.

Auf einer häufig befahrenen Straße sind die Nussreste bald unbrauchbar.

Es gibt dünnschalige Walnusssorten, die sich leicht öffnen lassen.

Nahe einem Krähenbrutplatz finden sich zuweilen Reste erbeuteter Vögel, hier eines Fasanenkükens.

Im Binnenland ist beobachtet worden, wie sie die großen Teichmuscheln oder Verwandte in gleicher Weise behandeln. Doch sind solche lokalen Traditionen seltener als das Abwerfen von Walnüssen. An bestimmten Orten werden die Walnussbäume vollständig von Krähen abgeerntet. Während sie anfangs die reifen Nüsse vom Baum pflücken, suchen sie später die herabgefallenen am Boden auf.

Zusätzlich zu den sogleich nach der Ernte verzehrten Nüssen legen sie andere in **Verstecken** ab, um sie später zu nutzen. Hierzu graben sie etwa 10 cm tiefe Löcher in einer Wiese. Wenn sie in ein solches Vorratsloch eine Nuss hineingelegt haben, verschließen sie es mit Erde oder Vegetationsteilen, so dass es für andere Vögel und auch für Menschen unsichtbar wird. Sie sind später in der Lage, dieses Versteck zielgerichtet aufzusuchen und zu öffnen, selbst wenn im Winter eine Schneedecke darüber liegt. Das entspricht den Gedächtnisleistungen von Tannenhähern beim Verstecken von Vorräten (s. S. 182). Bei dem verschlossenen Versteck gilt das Prinzip, es unsichtbar zu machen. Als Spur kann man aber das vorbereitete Loch im Boden entdecken, ebenso das ausgeräumte Versteck, wenn die Nuss entnommen worden ist. Elstern sind als Parasiten der Krähen beobachtet worden: Sie beobachteten die Rabenkrähe beim Verstecken eines Nahrungsbrockens und holten sich anschließend das versteckte Gut aus dem Versteck. Übrigens sind die als Überwinterer spät eintreffenden **Saatkrähen** in München dabei beobachtet worden, wie sie ebenfalls Walnüsse abwarfen, was sie wohl den Rabenkrähen abgeschaut hatten. Anderswo kann man auch sehen, wie Saatkrähen Walnüsse in einer Wiese eingraben.

Als Hinterlassenschaften von Krähen kann man auch ihre **Nester** auffassen. Sie spielen eine Rolle als Brutgelegenheiten für Nachfolgenutzer wie Turmfalken und Waldohreulen (s. S. 137).

Die Nester von Rabenkrähen sind äußerlich aus groben Zweigen erbaut. Später sind sie für Nachnutzer interessant.

Wo viele Vögel brüten, wie hier nahe der Küste, finden die Krähen auch Nester und hinterlassen Eischalen.

Die Eischalen von Fasan und Austernfischer fanden sich nahe einem Krähennest auf der Ostfriesischen Insel Baltrum.

Dieses Entenei ist von einem Rabenvogel aufgehackt worden.

Eine Rabenkrähe hat am Hasenskelett gefressen und eine Feder hinterlassen.

Der unter einem Schlafplatz eingesammelte Krähenkot ist von Harnsäure bedeckt.

Unter einem Gemeinschaftsschlafplatz von Krähen findet man Kot, Federn und Speiballen.

Kolkrabe *Corvus corax*

Kolkraben sind unsere größten Singvögel, sie sind besonders vorsichtig und intelligent. In der Vergangenheit sind sie teils als Göttervögel verehrt, teils als vermeintliche Schädlinge verfolgt worden. Sie sind auch heute noch allem möglichen Aberglauben ausgesetzt.

An totgeborenen Kälbern, Hausschweinen und Schaflämmern im Freien finden sich Kolkraben und andere Rabenvögel ein – zunächst, um sich wenn möglich an der Nachgeburt zu verköstigen. Dann versuchen sie sich an dem tot geborenen Jungtier, doch ist für ihre Schnäbel das Fell meist zu zäh und undurchdringlich. So picken sie an den Augen und am After, den einzigen zugänglichen Körperöffnungen. Wenn sie dann durch einen Menschen gestört werden, fliegen sie ab und werden als Schuldige am Tod des Jungtiers angesehen.

Ein Kolkrabe im glänzend-frischen Gefieder.

Selbst an der Laufspur im körnigen Schnee sind die relativ breiten Zehen zu erkennen.

Kolkrabenhorste sind umfangreiche Bauten, abseits im Wald und hoch im Baum angelegt.

Lerchen – Alaudidae

Lerchen sind typische Laufvögel, das heißt, sie setzen bei der Fortbewegung am Boden Fuß vor Fuß. Demgegenüber hüpfen viele andere Vögel, so dass ihre Fußabdrücke paarweise auftreten: Das Hüpfen ist als Anpassung an das Leben in Bäumen aufzufassen. Die **Fußabdrücke** der Lerchen lassen sich auch an der langen Hinterzehe erkennen, die verlängert ist durch einen überlangen Sporn, die Kralle. Allerdings sind Pieperfüße ähnlich gebaut wie die der Lerchen.

Feldlerche *Alauda arvensis*

Im Frühjahr nach ihrer Ankunft rasten Feldlerchen vielfach noch gemeinsam, bevor sie beginnen, Reviere zu verteidigen. In der Nacht suchen sie sich eine kleine Bodenvertiefung als **Schlafplatz** im grasbewachsenen Offenland. Hier entsteht eine nestartige Kuhle, in der die Lerche Kot hinterlässt.

Im Sommer nehmen Lerchen gern in Sand, Staub oder anderem lockeren Substrat ein **Staubbad**, manchmal auf einem sandigen Weg. Dabei bleiben dann kleine Kuhlen im Sand zurück, manchmal auch Fußabdrücke. Haussperlinge können sich ähnlich verhalten (s. S. 216), ihre Fußabdrücke sind aber anders; außerdem leben sie in anderen Lebensräumen.

Die Feldlerche ist am Boden gut getarnt.

In dieser Schlafkuhle hat eine Feldlerche übernachtet.

Im Staub badende Feldlerchen auf einem nicht asphaltierten Feldweg

Heidelerche *Lullula arborea*

Heidelerchen bevorzugen trocken-warme Lebensräume in Kiefernwäldern. Hier können sie den Sandboden von Binnendünen zum Sandbaden nützen. Bezeichnenderweise lassen sie sich oftmals, wenn sie gestört werden oder um zu singen, auf den Spitzentrieben von Kiefern nieder. Bei häufigem Gebrauch sind diese verbogen.

Die Heidelerche nutzt gern erhöhte Stellen, um zu rasten oder das Ende einer Störung abzuwarten.

Ohrenlerche *Eremophila alpestris*

Ohrenlerchen sind Brutvögel der Arktis, sie überwintern aber in Mitteleuropa. Man kann ihnen im Winter besonders regelmäßig an den Ausgleichsküsten der Nordsee begegnen. Allerdings nehmen die überwinternden Zahlen in der jüngeren Vergangenheit ab. Im Feinsand der Vordünen und Spülsäume hinterlassen sie Fußspuren.

Ohrenlerchen besuchen im Winter die Salzwiesen an den Küsten.

Am besten bildet sich die Laufspur der Ohrenlerche ab, wenn eine zarte Schneeschicht auf dem Sand liegt.

Schwalben – Hirundinidae

Während Uferschwalben sich meist vom Menschen fernhalten, siedeln sich Rauchschwalben und Mehlschwalben fast ausnahmslos in seiner unmittelbaren Nähe an. Auch Felsenschwalben (hier nicht behandelt) brüten in jüngerer Zeit zunehmend an Gebäuden. Die Nester und die Niststandorte aller Arten sind charakteristisch, nicht aber die sonstigen Spuren.

Rauchschwalbe *Hirundo rustica*

Rauchschwalben bauen ihre Nester fast immer innerhalb von Gebäuden, z. B. in Ställen, Scheunen und Hauseingängen. Sie bauen auf einem Balken, oft nutzen sie dabei als Unterlage aber auch einen vorhandenen Gegenstand wie eine Lampe oder einen Schaltkasten. Die Nester der Rauchschwalbe sind oben offene Näpfe. Das Nest besteht aus 750 bis 1400 Erdklümpchen, die mit Speichel angereichert werden. Bei der Rauchschwalbe geben die Jungen kurz vor dem Ausfliegen den Kot über den Nestrand nach außen ab. Jetzt handelt es sich um recht feste Ballen von etwa 1 cm Durchmesser.

Ebenso wie andere Schwalben benötigen Rauchschwalben feuchten Boden für ihre Nestbauten.

Beim Innenausbau des Nestes beteiligt sich das Weibchen.

Die Jungen im Alter von drei Wochen werden bald ausfliegen.

Nach dem Ausfliegen der Jungen ist die Nestumgebung mit viel Kot bekleckert.

Die Kotballen der großen Jungen sammeln sich unter dem Nest am Boden.

Die einfliegenden Vögel hinterlassen ihren Kot am Scheunentor.

Mehlschwalbe *Delichon urbica*

Mehlschwalben dagegen kleben ihre Nester in aller Regel außen an menschlichen Behausungen unter den Dachüberstand. Bei diesen Nestern bleibt nur eine schmale Öffnung unter der Abdeckung. Viele Singvögel verzehren anfangs den Kot ihrer kleinen Jungen, später dagegen tragen sie ihn fort, um das Nest rein und unauffällig zu erhalten. Bei der Mehlschwalbe mit ihren frei angeklebten Nestern ist das nicht nötig. Sobald sie größer geworden sind, geben die Nestjungen ihre Kotballen aus dem Nesteingang nach außen ab. Diese fallen dann zu Boden und bilden dort einen großen, recht auffälligen Haufen. Falls unter dem Nest ein Brett angebracht ist, sammelt sich der Kot darauf an, so dass eine pyramidenförmige Anhäufung entsteht, die dem Nest entgegenwächst. Ähnlich verhalten sich junge Mauersegler (keine Singvögel!), die auch ihren Kot nach außen abgeben. Siedeln sie sich in einem Mehlschwalbennest

Die Nester der Mehlschwalben werden normalerweise außen an einem Haus unter den Dachüberstand geklebt.

Mehlschwalben benötigen feuchten Boden, um dort Nistmaterial zu gewinnen. Sie hinterlassen feine Fuß- und Pickspuren.

an, was manchmal vorkommt, entsteht unter dem Nest ebenfalls ein Kothaufen. Der Kot der jungen Vögel (s. S. 145) ist zu Ballen aus dunklen Anteilen und weißer Harnsäure geformt. Bei Altvögeln ist er flüssig und weiß.

Eine Pfütze nahe einer Kolonie zieht zur frühen Brutzeit viele Schwalben an. Man findet dort ihre Spuren.

Der Nestbau beginnt mit einer Konsole, von der aus das Nest aufgebaut wird.

Ist unter dem Nest ein Brett angebracht, wächst der Kothaufen dem Nest entgegen.

Bei fortgeschrittener Brut sammeln sich unter dem Nest die Kotballen der Jungen an.

Ein unfertiges Nest kann vom Haussperling in Besitz genommen werden.

Das Nest eines Haussperlings im Mehlschwalbennest ist ausgeraubt worden. Am Boden liegen Eireste und etwas Nestinhalt.

Uferschwalbe *Riparia riparia*

Anders als bei den verwandten Arten sind die Nester der Uferschwalbe in einer langen Höhle verborgen, die die Vögel selbst in einer möglichst senkrechten Wand aus Lehm, Löss oder Sand gegraben haben. Typischerweise ist eine Reihe von Nisthöhlen an geeignetem Ort zu einer Kolonie vereint. Sie konzentrieren sich meist im oberen Drittel einer Wand, die niedrigsten liegen mindestens 1,5 m über dem Untergrund. Die Neströhre ist meist 60 bis 70 cm lang und steigt leicht an. Extremwerte für die Höhlenlänge sind 20 und knapp 200 cm. Der Höhlendurchmesser beträgt etwa 4 cm, der Eingang ist oft queroval. Am Ende der Höhle wird eine Nestkammer mit Nistmaterial ausgekleidet. Die Höhle wird vorwiegend vom Männchen gebaut, bei der Gestaltung des Nestes beteiligt sich das Weibchen. Die Höhlen der Uferschwalben sind später, besonders dann, wenn sie noch vergrößert worden sind, auch für andere Höhlenbrüter wie Sperlinge, Steinkäuze, Bienenfresser und Blauracken von Interesse.

Die Männchen graben die Niströhren mit ihren Füßen und bewachen den Höhleneingang.

Die Jungen erscheinen ab dem Alter von 16 Tagen im Höhleneingang und warten dort auf Fütterung. Im Alter von 20 bis 24 Tagen fliegen sie aus.

Diese Kolonie von Uferschwalben auf der Ostseeinsel Hiddensee ist sehr konzentriert angelegt.

Schwanzmeisen – Aegithalidae

Schwanzmeise *Aegithalos caudatus*

Schwanzmeisen sind hochgradig soziale Vögel. Von ihnen sind keine besonderen Hinterlassenschaften bekannt außer dem Nest, das in mancher Hinsicht an eine selbst gebaute Bruthöhle erinnert. Der Eingang in diese sackförmige Höhle ist seitlich oben. Das verwendete Material besteht zu großen Teilen aus Spinnweben. Innerlich ist das Nest mit eingesammelten Federn vollgestopft, äußerlich mit tarnenden Flechten bestückt. Trotz dieser Tarnung fallen viele Schwanzmeisenbruten Beutegreifern zum Opfer.

Die Schwanzmeise ist wegen ihres langen Schwanzes unverkennbar. Die hellköpfige Variante ist seltener als die streifenköpfige.

Dieses Nest der Schwanzmeise ist nicht nur äußerlich mit vielen Flechten getarnt, sondern auch in einer Astgabel verborgen.

Das ausgeraubte Schwanzmeisennest erinnert an eine selbst gebaute Höhle. In normaler Lage ist der Einschlupf seitlich oben.

Seidenschwänze – Bombycillidae

Seidenschwanz *Bombycilla garrulus*

Während Seidenschwänze sich und ihre Jungen in ihren nordischen und östlichen Brutgebieten vielfach von Insekten ernähren, stellen sie sich als Wintergäste in Mitteleuropa auf Früchte um, von Äpfeln über vielerlei Beerenfrüchte wie diejenigen von Schneeball oder Feuerdorn bis hin zu spät gelesenen Weintrauben. Wie auch Misteldrosseln fressen überwinternde Seidenschwänze neben anderen Früchten auch häufig die Beerenfrüchte der Misteln. Sie produzieren dann genauso wie die Drosseln in großen Mengen einen klebrigen Kot, der in langen Strängen aus der Kloake hervortritt und dann beim Herabfallen an Ästen und Zweigen der Bäume kleben bleiben kann. Nachdem sie die Darmpassage beim Vogel unversehrt überstanden haben, können hier die Mistelsamen auskeimen und weitere Pflanzen bilden. Man kann das wie bei den Drosseln als eine Symbiose zwischen Vogel und Mistel interpretieren. Für den Wirtsbaum ist die Mistel allerdings ein Parasit. Fällt der Vogelkot auf den Boden, kann man dort den Kot und später die Mistelsamen finden. Sie sind für Mistel und Vogel verloren (siehe Misteldrossel, (s. S. 210 ff.).

Seidenschwänze treten in manchen Wintern in Mitteleuropa scharenweise auf.

Schwarmweise nutzen Seidenschwänze die überreifen Äpfel. Manchmal finden sie dort auch Mistelbeeren.

Die Vögel fressen gern von den hängen gebliebenen Äpfeln und auch von solchen, die als Falläpfel am Boden liegen.

Meisen – Paridae

Kohlmeise *Parus major*

Die Kohlmeise gehört zu den häufigsten Meisen, und sie dominiert zusammen mit der kleinen Blaumeise auch an den winterlichen Futterstellen. Sie kann als Allesfresser bezeichnet werden. In der milden Jahreszeit ernähren sich Kohlmeisen vor allem von tierlicher Nahrung wie Insekten und ihren Larven. Im Winter nehmen sie viel Körnernahrung auf. Sie wissen aber auch mit schwer zu öffnenden Nüssen umzugehen. In Haselnüsse hacken sie kleine Löcher; das Gleiche können sie bei Walnüssen erreichen, besonders bei dünnschaligen Formen. Da Kohlmeisen häufig ihre Nahrung am Boden suchen, macht es ihnen auch nichts aus, herabgefallene Nüsse am Boden aufzuhacken oder weiter zu bearbeiten. Man kann aber auch eine Kohlmeise beobachten, die einem an der Spechtschmiede eine Walnuss bearbeitenden Buntspecht auf etwa 1 m Entfernung zuschaut und sich der Reste der Specht-

Die Kohlmeise ist an allen Futterstellen im Winter einer der häufigsten Gäste.

Im fruchtenden Schwarzen Holunder ist ein Weibchen eher an Insekten als an den reifenden Beeren interessiert.

An diesem Futterplatz picken Kohlmeisen an dargebotenem Pflanzenfett.

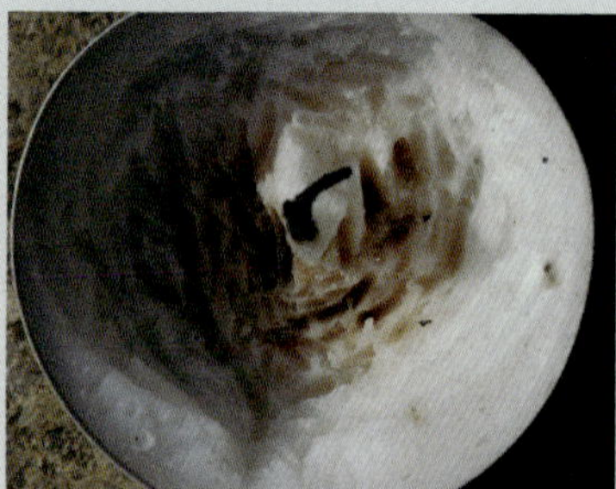

In diesem Teelicht haben Kohlmeisen gepickt und Pickspuren hinterlassen.

mahlzeit in der Walnussschale bemächtigt, wenn der Specht fortgeflogen ist. Zuweilen lassen sich Kohlmeisen verlocken, an einer Kerze zu picken, obwohl das Stearin nicht verdaulich ist. Das erinnert an ein Verhalten, das früher bei Blaumeisen in England beobachtet wurde. Die Vögel lernten, an gefüllten Milchflaschen, die früher vor der Haustür angeliefert und abgestellt wurden, den Aluminiumdeckel aufzupicken und sich an dem Rahm zu bedienen, der sich oben abgesetzt hatte. Dieses Verhalten wurde weiter tradiert und hat sich ausgebreitet. Auch Kohlmeisen waren beteiligt. Heute werden keine Milchflaschen mehr geliefert, und das Verhalten der Meisen ist verschwunden.

Haubenmeise *Lophophanes cristatus*

Während die meisten Meisenarten für ihre Brut auf fremde Höhlen oder Nistkästen angewiesen sind, stellt die Haubenmeise ihre Bruthöhle selbst her. Sie wählt dazu morsches Holz einer Birke oder ähnliches Substrat. Die entstehenden Späne trägt der bauende Vogel aus und lässt sie in der Nähe des Höhlenbaums fallen oder liegen.

Die Haubenmeise erkennt man an der Haube und der trillernden Stimme.

In einem morschen Baum hat die Haubenmeise eine Höhle gebaut.

Nahe der Höhle wurden die feinen Späne abgelegt.

Weidenmeise *Poecile montana*

Ähnlich wie die Haubenmeise baut auch die Weidenmeise Höhlen in morschem Holz, manchmal in angefaulten Zaunpfählen oder Masten. Der hochovale Höhleneingang liegt zwischen 0,3 und 10 m über dem Boden, meist höher als 7 m. Die Höhle ist durchschnittlich 15 bis 16 cm tief. Beide Partner sind beim Höhlenbau beteiligt. Die losgehackten Holzspäne werden anfänglich direkt über die Schulter abgeworfen, später weggetragen.

Diese skandinavische Weidenmeise wirft kleine Holzspäne aus der Höhle.

Sumpfmeise *Poecile palustris*

Die Sumpfmeise ist für ihre Brut auf vorhandene Höhlen angewiesen. Sie nutzt auch gern geeignete Nistkästen. Sie tritt neben Kohl- und Blaumeise häufig als Besucherin an Futterhäusern auf. Oft nimmt sie eine Anzahl der Samen in den Schnabel und fliegt davon, um sie als Vorrat in Ritzen von Baumrinde zu verstecken.

Die Sumpfmeisen gehört zu den schwarzköpfigen Meisen. Sie ist der Weidenmeise ähnlich.

Sumpfmeise am Sonnenblumenstengel

Kleiber – Sittidae

Kleiber *Sitta europaea*

Kleiber wurden früher nicht ohne Grund auch als Spechtmeisen bezeichnet. Sie haben in Anpassung an das Leben an Bäumen und in Baumhöhlen unabhängig manche Ähnlichkeit mit Spechten entwickelt. Sie verwenden Spalten, um darin Bucheckern, Eicheln, Sonnenblumenkerne, Eibensamen und andere Objekte wie große Insekten einzuklemmen, die sie dort bearbeiten. Man kann hier in Parallele zu den Spechten von einer **Kleiberschmiede** sprechen. Wenn Sonnenblumenkerne und andere Nahrung in größerer Zahl in Spalten eingeklemmt sind, handelt es sich um einen Nahrungsspeicher, worin der Kleiber überschüssige Nahrung aufhebt. Im Sommer werden sogar erbeutete Insekten auf diese Weise gespeichert.

Kleiber tragen häufig Kerne von Futterstellen weg, um sie anderswo zu bearbeiten oder zu verstecken.

Das Kleibermännchen bearbeitet einen Kern in einer Kleiberschmiede an einem alten Baum.

Die Eichel ist wahrscheinlich von einem Kleiber am Boden aufgelesen und in den Rindenspalt gesteckt worden – zu früherer oder späterer Bearbeitung.

Der Nistkasten wurde vom Kleiberweibchen bearbeitet, möglicherweise ohne dass der Eingang dabei verkleinert wurde.

Höhlennutzung: Wie die Meisen ist auch der Kleiber auf vorhandene Baumhöhlen oder Nistkästen als Brutstätten angewiesen. Der Name des Kleibers leitet sich vom Begriff **Kleben** ab. Das Weibchen sammelt an einer feuchten Stelle Erde oder Lehm zusammen mit Pflanzenfasern ein und bringt dieses Material portionsweise zur Höhle. Damit verengt es zu große Höhleneingänge auf Kleibermaß. Dies ist vorteilhaft, weil ein zu großer Höhleneingang Feinden und Konkurrenten Zugang verschafft, ein kleiner nur wenigen. Ein Kleiberweibchen kann sogar den Eingang einer Schwarzspechthöhle auf ein passendes Maß verkleinern (s. S. 243). Auch im Höhleninneren werden Kanten und Spalten verklebt. An einem Nistkasten wird Klebearbeit auch rings um den Eingang, innen an allen Ritzen, Kanten und Spalten investiert. In allen diesen Mauerwerken kann man die spitzen Schnabelmarken des Kleibers erkennen.
In einer vom Kleiber benutzten Höhle findet man bezeichnenderweise kein gängiges **Nistmaterial,** wie es beispielsweise Meisen verwenden, sondern auf einem gröberen Unterbau von morschen Holzstücken meist schuppen- und papierartig dünne Stückchen der Borke von Kiefern und trockene Blätter. – Im Gegensatz zu Kleibern hinterlassen **Baumläufer** keine von außen sichtbaren Nestbauten oder Spuren der Nahrungsbearbeitung.

Wasseramseln – Cinclidae

Wasseramsel *Cinclus cinclus*

Die Wasseramsel ernährt sich tauchend und schwimmend, aber auch gehend im Flachwasser von Kleintieren, die sie vorwiegend unter Wasser erbeutet. Köcherfliegenlarven zieht sie aus dem Köcher heraus, der je nach Art aus Steinchen oder pflanzlichem Material zusammengeklebt ist. Die leeren Köcher hinterlässt sie im Winter auf dem Eis am Bach.

Wasseramseln sind schwimmende und tauchende Singvögel.

Die Wasseramsel sitzt bevorzugt auf einem Stein im Wasser.

Wasseramseln geben Speiballen ab, deren Inhalt vorwiegend aus Chitinresten besteht und Auskunft über Insekten- und andere Nahrung des Vogels geben kann.

Wo die Wasseramsel wohnt, gibt es Kotflecken auf den Steinen am Ufer. Hier kann man auch Speiballen finden.

Wo Wasseramseln leben, hinterlassen sie weiße **Kotflecke** auf Steinen im Wasser oder auf anderen Warten, so auch auf Ästen, die das Wasser überragen, oder auf dem Geländer einer Brücke. Allerdings können solche kleinen Kotflecke auch von anderen kleinen Vögeln aus dem gleichen Lebensraum stammen, wie z. B. von der Gebirgsstelze oder dem Eisvogel. Viele weitere Vögel, die mit dem Wasser nicht näher zu tun haben, kommen zum Trinken und Baden gelegentlich ans Ufer. Bei hohem Wasserstand wird der Kot von den Steinen abgewaschen.

Drosseln – Turdidae

Amsel *Turdus merula*

Das Fleisch am Boden liegender **Äpfel** wird von Amseln und anderen Drosseln nach und nach verzehrt, so dass das Kerngehäuse in der Mitte stehen bleibt und außen die Apfelschale. Das Kerngehäuse und die darin enthalte-

Im Winter hat sich dieses Amselweibchen auch der Beeren des Schneeballstrauchs angenommen.

Wenn eine Amsel reife Holunderbeeren gefressen hat, kann man das an der Farbe des Kots erkennen.

nen Samen sind für die Amsel und ihre Verwandten nicht von Interesse (vgl. Fichtenkeuzschnabel, (s. S. 225). Amseln verzehren je nach Jahreszeit auch viele andere Früchte wie zum Beispiel Kirschen, Himbeeren und die kleinen Apfelfrüchte der Kanadischen Felsenbirne. Sie hinterlassen dann gegebenenfalls entsprechende Fraßreste. Ihre Jungen füttern sie vorzugsweise mit Regenwürmern, was keine Spuren außer Kot hinterlässt.

Im Winter versuchen Amseln, bei Schneelage den Boden dort zu erreichen, wo die Schneedecke gering ist oder fehlt, zum Beispiel am Rand von Hecken. Sie werfen dann die trockenen dunklen Bestandteile der Blätterschicht auf den Schnee, so dass ein typisches Fraßbild entsteht.

Die Streuobstwiese bietet auch im Winter noch genügend Nahrung für Drosseln.

Das Amselweibchen frisst vom Apfel, der an einem Futterhaus ausgelegt wurde.

An diesen Äpfeln haben Drosseln gepickt.

Am Schluss bleibt kaum etwas vom Apfel übrig.

Der künstlich hergestellte Fußabdruck einer Amsel lässt mehr Details erkennen als jede Spur im Schnee oder Schlamm.

Wo sich mehrere Amseln aufgehalten haben, laufen die Schneespuren durcheinander.

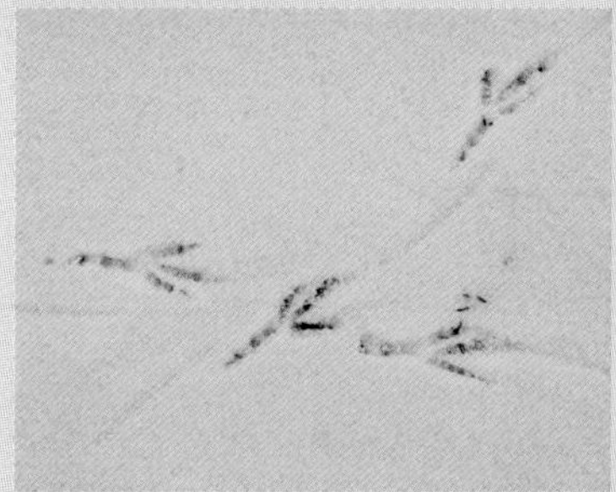

Amseln hüpfen nicht nur, sondern können regelrecht laufen: zwei sich überkreuzende Laufspuren.

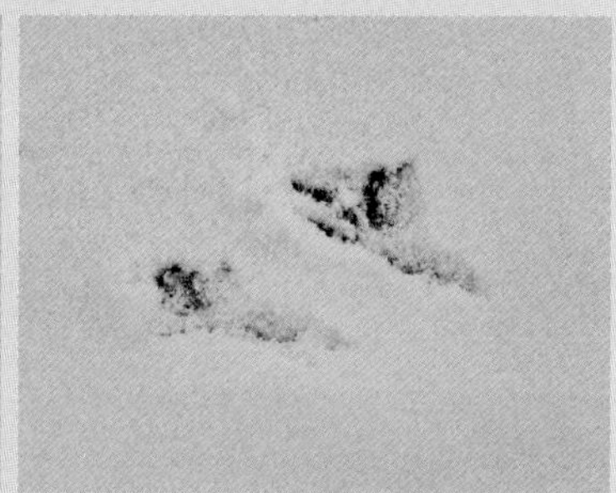

Beim Abflug hinterlassen die nebeneinander angeordneten Abdrücke der beiden Füße tiefere Spuren.

Man kann erkennen, wo Amseln unter dem Schnee in der Blätterschicht Nahrung gesucht haben.

Eine offene Stelle im Schnee hat die Vögel angezogen.

Misteldrossel *Turdus viscivorus*

Besonders wenn im Winter der Erdboden schneebedeckt ist, tritt die Misteldrossel als Nahrungsspezialist in Baumkronen auf, die von fruchtenden Misteln besetzt sind. Die Vögel sind auch im Winter aggressiv und verteidigen die Bäume gegen Artgenossen, auch gegen artfremde Konkurrenten. Weil sie größer sind, erweisen sie sich gegenüber anderen Drosseln als überlegen. Sie erzeugen in großen Mengen einen klebrigen Kot, der in langen weißlichen Strängen aus ihrer Kloake hervortritt (so auch beim Seidenschwanz, s. Seite 201). Beim Herabfallen bleiben diese häufig an Ästen und Zweigen des Wirtsbaumes oder anderer Bäume kleben, die von den Drosseln aufgesucht werden. Da die Mistelsamen unversehrt und keimfähig aus dem Verdauungstrakt der Drosseln hervorgehen, können sie auf der neuen Unterlage keimen und neue Mistelpflanzen hervorbringen, die auf den Bäumen parasitieren. Kot und Samen, die zu Boden fallen, kann man unten finden, besonders auf trockenen Blättern, die dort liegen. Sie sind für die Mistel verloren.

Mistelbestand in Bäumen: von Misteldrosseln angesät.

Misteln sind auch im Winter grün. Sie wachsen häufig in Apfelbäumen.

Nur die weiblichen Pflanzen bilden Beeren.

Misteldrosseln verteidigen im Winter einen Vorrat an fruchtenden Misteln.

Der Kot der Misteldrossel mit den Mistelsamen hängt in langen klebrigen Fäden am Baum.

Diese Mistelsamen aus dem Drosselkot sind auf ein abgestorbenes Blatt im Schnee gefallen; sie werden niemals keimen. Die Feder stammt von einer Misteldrossel.

Erfolgreich angesät: junge Mistelpflanzen

Wacholderdrossel *Turdus pilaris*

Wacholderdrosseln sind aggressive Vögel. Sie verteidigen auch im Winter Früchte tragende Bäume und Sträucher, besonders, wenn der Erdboden unter einer Schneelage unzugänglich ist und ihnen keine Nahrung bietet.

Wacholderdrosseln ernähren sich im Winter von herabgefallenen Äpfeln und verteidigen diese, wie die Drohhaltung zeigt.

Mit dem spitzen Schnabel gelingt es dem Vogel, durch die Außenhaut des Apfels einzudringen.

Dabei wehren sie Artgenossen ab, aber auch Amseln. An solchen Stellen findet man angefressene Äpfel noch im Geäst hängend oder am Boden (wie bei der Amsel). In Notzeiten halten sie sich auch in Beeren tragenden Sträuchern wie dem Gemeinen Schneeball *(Viburnum opulus)* auf. Hier findet man die von ihnen leergefressenen Scheinrispen neben solchen, die noch Beeren tragen. Dass die Beeren als giftig gelten, scheint ihnen nichts auszumachen. Am Boden darunter, auch auf trockenen Laubblättern, sammeln sich die unverdauten Samen an, die sie mit dem Kot abgeben. Auch die Früchte von Eibe und Wacholder werden gern gefressen.

Wacholderdrosseln und ihre Verwandten, z. B. die Rotdrossel *(Turdus iliacus)*, fressen auch die kleinen Apfelfrüchte der Eberesche, sogar im Winter, wenn die roten Früchte schon ihre Farbe verloren haben und eingeschrumpft sind. Sie hinterlassen dann ebenfalls die leer gefressenen Fruchtstände.

Ist der Boden schneebedeckt, halten sie sich unter anderem an die Früchte des Schneeballs und verteidigen den Strauch gegen Artgenossen und andere Konkurrenten.

Unter dem Schneeballstrauch sammelt sich der Kot an, in dem die Samen des Schneeballs enthalten sind.

Wacholderdrosseln verzehren auch die Beerenzapfen der giftigen Eibe.

Bei offenem Wetter suchen die Vögel ihre Nahrung am Boden.

Singdrossel *Turdus philomelos*

Viele Singvögel der verschiedensten Arten nehmen mehr an kleinen Gehäuseschnecken auf, als man erwarten würde. Besonders gilt das für die Weibchen in der Zeit der Eiablage. Dies hat einen gewichtigen Grund: Sie benötigen dann für die Schalen der Eier, die sie ablegen müssen, einen Vorrat an **Kalk**. Den gewinnen sie aus den Schneckenschalen. Aus ihrem eigenen Skelett können sie zwar auch Calcium entnehmen, aber nur in begrenztem Umfang, und sie müssen dieses Material auch bald wieder ersetzen. Legebereite Weibchen entwickeln am Tag vor der Eiablage einen regelrechten Appetit auf kleine Schnecken. Auch heranwachsende Jungvögel werden selbst nach dem Ausfliegen noch mit Gehäuseschnecken gefüttert. Sie benötigen den Kalk für den Aufbau ihres Skelettes.

Eine ganz andersartige Beziehung zu den Schnecken findet man bei Singdrosseln. Hier ernähren sich Altvögel häufig von dem Fleisch ausgewachsener Schnirkelschnecken *(Cepaea* spec.), ohne die Schalen zu verwerten. Im Gegenteil: Sie befreien die Schnecke von der Schale. Das dabei wirksame Prinzip nennt man **Drosselschmiede**. Man findet nicht selten auf einem steinigen Waldweg einen größeren Stein von einigen Zentimetern Durchmesser, dessen Umgebung übersät ist von Schalenbruchstücken von Schnirkelschnecken (Waldschnirkelschnecke *Cepaea nemoralis* oder Gartenschnirkelschnecke *C. hortensis)*. Die Drossel hat den Stein als Widerlager verwendet. Sie könnte das in zweierlei Weise tun: Entweder die Schnecke im Schnabel halten und auf den Stein schlagen (Ambossprinzip); oder die Schnecke auf den Stein legen und mit dem Schnabel darauf schlagen

Junge Singdrossel im Schwarzen Holunder. Ende August reifen die Beeren. Dann werden die Rispen geleert.

Singdrosseln suchen sonst ihre Nahrung meist am Boden.

Drosselschmiede: Die Schalenbruchstücke der Schnirkelschnecken sind um den Ambossstein herum verteilt.

Singdrosseln können die Schnecken in großen Zahlen erbeuten. Dabei spielt das Färbungsmuster der Schalen keine Rolle.

(Schmiedeprinzip). Da die direkte Beobachtung des Verhaltensablaufs selten gelingt, sondern man immer nur das fertige Ergebnis vorfindet, wurden beide Methoden als möglich diskutiert. Die Umstände und auch die vorhandene Abbildung sprechen aber für das erste Prinzip. Für die Schmiedetechnik würde es genügen, die Schnecke am Boden zwischen zwei kleinen Steinen oder in einer Aushöhlung festzulegen und dann darauf zu schlagen. Für das Zertrümmern durch Aufschlagen benötigt man einen Stein als Amboss, eine Art Werkzeug. Singdrosseln verwenden auch Baumstümpfe oder heruntergefallene Äste als Unterlage. Jedenfalls findet man auf der Oberseite des Amboss-Gegenstandes Schalenstückchen, Schleim und Gewebereste der Schnecken. Drosselschmieden sind auch im Überwinterungsgebiet festgestellt worden. Wie die Schalenstücke zeigen, erbeuten Singdrosseln sowohl gebänderte als auch einfarbige, gelbe und rosa Schnirkelschnecken. Die Schnecken sind also durch ihren Färbungs-Polymorphismus keineswegs sicher geschützt.

Amseln sind dabei gesehen worden, wie sie einer Singdrossel die von der Schale befreite Schnecke wegschnappten. Man nennt dieses Prinzip Kleptoparasitismus.

Sing- und andere Drosseln ebenso wie Grasmücken der verschiedenen Arten und viele andere Vögel fressen im Spätsommer gern die reifenden Beeren des Schwarzen Holunders *Sambucus nigra* und lassen dann die leer gefressenen Fruchtstände zurück.

Rotdrossel *Turdus iliacus*

Rotdrosseln sind in vieler Hinsicht der Singdrossel ähnlich. Es wird sogar berichtet, dass sie wie die Singdrossel eine Schneckenschmiede benutzen, um Schnecken von ihren Gehäusen zu befreien. Wie die meisten anderen Singvogelarten arbeiten Rotdrosseleltern daran, während der Brut das Nest sauber zu halten. Solange die Jungen klein sind, verzehren die Eltern den Kot, der noch unverdaute Nahrung enthält. Bei den herangewachsenen Nestlingen tragen sie die größeren, in eine Membran eingeschlossenen **Kotballen** fort und lassen sie irgendwo abseits vom Nest fallen.

Wie die anderen Drosseln sucht die Rotdrossel ihre Nahrung oft am Boden.

Die Rotdrossel nimmt den Nestjungen einen Kotballen ab, um ihn wegzutragen und abseits fallen zu lassen.

Sperlinge – Passeridae

Haussperling *Passer domesticus*

Haussperlinge sind Allesfresser. Sie nehmen Früchte und verschiedene Sämereien auf, füttern ihre Nestjungen aber mit Insekten. Im Sommer scheuen sie sich auch nicht davor, saftige süße **Früchte** noch am Baum anzupicken, wie beispielsweise Mirabellen. Dabei fallen viele der Früchte zu Boden und werden dort von anderen Tieren weiterverwertet. Selbstverständlich kann man einer solchen Frucht nicht ansehen, ob sie von einer Amsel, einer Meise oder einem Sperling angepickt und heruntergeworfen worden ist.

Haussperlinge werden auch häufig dabei beobachtet, wie sie im Frühling Krokusblüten zerbeißen, um an den inneren Blütenapparat zu gelangen und die Staubgefäße oder den Fruchtknoten mit Anhangsorganen zu verzehren. Sie scheinen gelbe Blüten zu bevorzugen. Sie hinterlassen zerbissene Blüten. Ihre recht unordentlich gebauten **Nester** legen sie vorzugsweise verborgen in Gebäuden an, so dass man sie kaum zu Gesicht bekommt. Sie tragen viel Nistmaterial zur Auspolsterung ein, zum Beispiel Wolle und Vogelfedern. Das wird am besten an offen in Bäumen stehenden Nestern sichtbar, wie sie hin und wieder in manchen Gegenden angelegt werden. Manchmal nehmen sie auch ein im Bau befindliches Mehlschwalbennest in Beschlag, aus dessen Öffnung dann das von den Sperlingen eingetragene Nistmaterial heraushängt.

Im September ist der Brustlatz des männlichen Haussperlings noch von hellen Federsäumen verdeckt.

Wo offener Sand von der Sonne beschienen wird, nehmen Haussperlinge gern ein Sandbad – im Bild ein Weibchen.

Im Sandbad ist eine Mauserfeder des Sperlings zurückgeblieben.

In diesem noch unfertigen Mehlschwalbennest hat sich ein Haussperlingspaar eingenistet.

Sperlinge sind Generalisten in der Nahrungswahl. Hier ist ein Weibchen bei den reifen Mirabellen.

Die von den Sperlingen angepickten überreifen Früchte fallen zu Boden.

Pieper und Stelzen – Motacillidae

Dort wo sich Bachstelzen oder Gebirgsstelzen häufig an Fließgewässern aufhalten, hinterlassen sie weiße Kotflecke auf den Steinen oder anderen Warten. Solche Kotmarkierungen kennzeichnen auch das Revier der Wasseramsel (s. S. 206) und des Eisvogels (s. S. 146).

Bachstelzen halten sich nicht selten auf Steinen im Wasser oder am Gewässerufer auf und hinterlassen dort weiße Kotflecken. Im Bild ist ein Elternvogel mit flüggem Jungem zu sehen.

Die Gebirgsstelze ist stärker an das Wasser gebunden als die Bachstelze.

Die Laufspur eines Strandpiepers im Schlickwatt an der Küste kann man nur dann sicher zuordnen, wenn man den Vogel dort beobachtet hat.

Finken – Fringillidae

Buchfink *Fringilla coelebs*

Buchfinken ernähren sich und ihre Jungen den Sommer über vorwiegend von Insekten und ihren Larven. Im Winter dagegen finden sie sich oft am Boden unter den Futterstellen ein und sammeln dort die herabgefallene Körnernahrung auf. Im Winter bilden sie aber auch – häufig zusammen mit Bergfinken – teilweise riesige Schwärme, die sich in Beständen von Altbuchen aufhalten und am Boden Bucheckern ernten, die sie aufbeißen. Sie hinterlassen dann die leeren Schalenstücke der Bucheckern. An einem Massenschlafplatz in einem Altfichtenbestand, wo sich die Vögel am Abend unter Umständen in Millionenzahlen versammeln, ist der Boden bedeckt mit Kot und Federn (siehe Bergfink).

Wo es reife Maulbeeren gibt, bedienen sich auch Buchfinken an den Früchten und lassen die Reste liegen.

Bergfink *Fringilla montifringilla*

Bergfinken sind im Sommer sehr seltene Brutvögel im Norden Mitteleuropas, doch alljährlich fliegen sie im Herbst als Durchzügler oder Wintergäste bei uns ein. Besonders in Gebieten, wo es reiche Bucheckernmast gibt, konzentrieren sich große Scharen, um dort am Waldboden die beliebte und energiereiche Nahrung aufzunehmen. Sie verteilen sich dabei in einem größeren Waldgebiet, doch gegen Abend fliegen sie zu einem gemeinsamen **Schlafplatz**. Hier können sich Hunderttausende, ja sogar Millionen der Vögel zum Übernachten versammeln. Solche Schlafplätze liegen meist in hohen Altfich-

Im Herbst fallen die frisch angekommenen Bergfinken gern in der Eberesche ein, um die Kerne der Früchte zu verzehren. Sie hinterlassen die leeren Fruchtstände und am Boden das Fruchtfleisch.

An einem Winterabend fallen die Finken scharenweise am Gemeinschaftsschlafplatz ein.

tenbeständen, die den Vögeln sowohl Deckung vor Beutegreifern also auch Windschutz bieten. Allerdings ziehen die Versammlungen auch Feinde an, wie Sperber, verschiedene Falken und Bussarde, auch wohl Eulen und räuberische Säuger. Entsprechend findet man am Waldboden unter dem Schlafplatz nicht nur Massen von Vogelkot, sondern auch Federn, Rupfungen und sonstige Beutereste sowie ganze, auf irgendeine Weise umgekomme Vögel.

Am Morgen verlassen sie den Schlafplatz in einem kilometerlangen Verband.

Der Waldboden unter dem Schlafplatz der Bergfinken ist mit Kot bedeckt.

Selbst die Jungfichte ist über und über mit dem Finkenkot bedeckt.

Aus der Millionenschar der Bergfinken finden sich auch einige, die über Nacht ihr Leben verloren haben.

Im Frühjahr brechen die hellen Säume der Deckfedern ab und geben das Prachtkleid frei.

Gimpel *Pyrrhula pyrrhula*

Gimpel ernähren sich besonders im Winter von **Früchten**, Samen und Knospen. Sie verzehren unter anderem trocknende Früchte der Eberesche, bevorzugen aber dabei das Kerngehäuse und lassen das Fruchtfleisch hängen oder fallen. Es sind besonders die zuweilen im Winter auftretenden Trompetergimpel (mit ihren abweichenden Rufen), die sich in Ahornbäumen aufhalten und dort die Früchte abpflücken. Sie nutzen nur den Samen und hinterlassen die entleerten traubenartigen Fruchtstände sowie am Boden die abgebissenen Flügel der Früchte. Gimpel beißen aber auch vielfach die **Knospen** von Bäumen ab. Das kann bei Obstbäumen, wenn die Vögel in Gruppen und längere Zeit auftreten, später zu Ertragsminderungen führen. Jedenfalls hinterlassen sie Spuren des Verbisses an Zweigen und Fruchtständen. Unter fruchtenden Birken lassen sie, ebenso wie Erlen- und Birkenzeisige, im Winter viele herabfallende Samen und weitere Reste der fruchtenden Birkenzapfen zurück.

Im Frühjahr können sie die frisch knospenden Küchenschellen verbeißen, obwohl die Pflanze aus menschlicher Sicht als giftig gilt. Wahrscheinlich werden die giftigen Inhaltsstoffe erst gebildet, wenn die Pflanze größer ist.

Gimpelmännchen sind auffällige Gäste am Futterhäuschen im Winter.

Der Gimpel schält den Kern aus der Schneeballfrucht. Das Fleisch fällt zu Boden.

Der weibliche Gimpel hat eine Ahornfrucht abgebissen und entnimmt den Samen. Er hinterlässt den leeren Fruchtstand und den herabfallenden Flügel der Frucht.

Gimpel sind auch Knospenfresser. Das Weibchen hält sich im winterlichen Schlehdorn auf, wo reichlich Knospen zur Verfügung stehen.

Stieglitz *Carduelis carduelis*

Wie der alte Name Distelfink des Stieglitzes sagt, sind die Vögel auf Distelsamen spezialisiert. Sie kommen im Familienverband oder gruppenweise zu Beständen von fruchtenden Disteln und Karden und fressen dort die Samen. Die Disteln sehen danach etwas unscheinbar aus. Mit ihren spitzen und langen Schnäbeln können Stieglitze auch die Samen aus den sich im Frühjahr öffnenden Lärchenzapfen gewinnen, ohne dass sie an den Zapfen Spuren hinterlassen. Am Boden bleiben die abgebissenen Flügel der Flugsamen zurück. Den Winter über ernähren sie sich vornehmlich von Erlensamen. An einem stehen gebliebenen Sonnenblumenfeld können sie sich scharenweise im Winter aufhalten. Da aber hier auch Grünfinken und andere Arten beteiligt sind, gehen die leeren Fruchtstände der Sonnenblumen nicht allein auf das Konto der Stieglitze.

Der Stieglitz ist ein auffallend bunter Vogel, kann aber im Schattenspiel eines Baumes im Sommer seine Konturen auflösen.

Stieglitze holen vor allem im frühen Frühjahr mit ihren spitzen Schnäbeln die Samen aus den reifenden Lärchenzapfen heraus, belassen aber die Zapfen am Baum.

Fruchtende Disteln sind beliebte Nahrungspflanzen von Stieglitzen.

Im Winter kann man die kleinen und stabilen, in einem Astquirl erbauten Stieglitznester finden.

Erlenzeisig *Carduelis spinus*

Birkenzeisig *Carduelis flammea*

Erlenzeisige ernähren sich dann, wenn die Fichtenzapfen reifen, gern von den Samen der Fichte. Sie können demnach schon im Februar mit der Brut beginnen. Ersatzweise nehmen sie auch die Samen von Kiefern und Lärchen. Sie lassen dann die Flügel der Flugsamen zu Boden fallen, und man kann diese mengenweise unter den Bäumen finden.

Sie hinterlassen auch bei der Nahrungssuche in Birken, wo sie die Früchte der reifen Zapfen verzehren, häufig in Mengen die dreilappigen Tragblätter der Birkenfrüchte. Als Samenfresser beteiligen sich hier auch der Stieglitz und andere Arten. Birken- und Erlenzeisige picken Birkenfrüchte auch am Boden auf, wenn in den Bäumen keine mehr zu holen sind.

Erlenzeisige – hier ein altes Männchen – treten als Wintergäste truppweise auf, sind aber bei uns auch Brutvögel, besonders in Mastjahren der Fichte.

Erlenzeisige – hier ein Weibchen – fressen auch die reifen Samen aus Lärchenzapfen. Sie beißen die Flügel der Samen ab und lassen sie auf den Boden fallen.

Auf dem schneebedeckten Boden unter der Birke sammeln sich die Tragblätter der Birkenfrüchte in Mengen an, wenn oben im Baum die Zeisige aus den reifenden Kätzchen fressen.

Der Birkenzeisig – hier ein Jungvogel – nutzt im Winter ebenfalls häufig die Samen aus den reifen Lärchenzapfen.

Grünfink *Carduelis chloris*

Während manche Beeren fressenden Vögel bei den Hagebutten, den Früchten der Rosen, das Fleisch verzehren, haben es Grünfinken auf die darin liegenden Samen abgesehen. Sie beißen die Hagebutte auf und können nun die Samen entnehmen. Zurück bleiben als bezeichnende Nahrungsreste die aufgebissenen Früchte am Strauch. Sie nehmen gern die großen Hagebutten der Apfel- oder Kartoffelrose (*Rosa rugosa*) vor, einer eingeschleppten Art, die sich als Neophyt ausgebreitet hat und besonders auf den Ostfriesischen Inseln große Bestände bildet, aber auch anderswo viel in Gärten angepflanzt wird. Ebenso wie Girlitze und Stieglitze fressen Grünfinken gern die Früchte des Löwenzahns, die sie aus den Fruchtständen entnehmen und vom Flugapparat befreien. Oft fressen sie schon an den Fruchtständen, bevor sie sich geöffnet haben. Ansonsten ernähren sie sich von einer Vielzahl von Sämereien, können auch die Samen von Hainbuchen und Eiben öffnen.

Grünfinken schälen als winterliche Gäste Körner an der Futterstelle.

Grünfinken nutzen gern die Hagebutten der Kartoffelrose *Rosa rugosa*, fressen aber nicht das Fruchtfleisch, sondern die Samen.

Die Speisereste des Grünfinken haben sich am Boden auf einem trockenen Blatt gesammelt.

Nach dem Besuch sehen die Früchte der Rose geplündert aus.

Kernbeißer *Coccothraustes coccothraustes*

Kernbeißer sind die Finkenvögel mit dem stabilsten und kräftigsten **Schnabel**. Der Oberschnabel ist in seiner Spitzenhälfte innen mit drei parallel laufenden, längs gerichteten Schneiden ausgestattet. Im Unterschnabel entsprechen ihnen Aushöhlungen als Widerlager. Hinzu kommen die zwei seitlichen Schneiden des Schnabelrandes. Im hinteren Schnabelteil sind Hornpolster entwickelt, die wie ein Schraubstock wirken. Mit dieser Ausstattung und der sehr kräftigen Kaumuskulatur können die Vögel erheblichen Druck ausüben, bei Kirschkernen 27 bis 43 kg, bei Olivenkernen 48 bis 73 kg. Um einen Kirschkern zu knacken, benötigte der Kernbeißer im Versuch etwa 5 Sekunden, für einen Sonnenblumenkern nur 3 Sekunden.

Sie können auch sehr harte **Früchte** und Samen wie die der Esche und der Hainbuche leicht öffnen. Bei reifenden Kirschen verwerfen sie das Fleisch und knacken den Kern in zwei gleiche Teile, um den darin liegenden Samen zu erreichen. Man findet nicht selten beide Teile des Kirschkerns nebeneinanderliegend, zusammen mit den Resten des Fleisches. Sogar im Winter finden sich die Vögel noch unter den Kirschbäumen ein, um dort nach den Kirschkernen zu fahnden. Auch Kerne von Zwetschgen und Schlehen werden vom Kernbeißer geknackt. Bei den fruchtartigen Eibensamen nehmen sie ebenfalls den Kern heraus und knacken ihn, verzichten aber auf den fleischigen süßen und ungiftigen Arillus. Auch bei den Scheinfrüchten der Mehlbeere haben sie es auf die Kerne (Samen) abgesehen und lassen den Rest zurück.

Der männliche Kernbeißer ist mit einem reifen Eibensamen beschäftigt.

Der weibliche Kernbeißer schält einen Sonnenblumenkern am Futterplatz.

Eibensamen reifen jeweils einzeln an den weiblichen Bäumen. Sie sind nur etwa 5 mm lang, haben dünne Samenschalen und sind schon im Knospenstadium (links) vom roten Arillus umgeben.

Im Winter fliegen manchmal größere Scharen von Kernbeißern aus Herkunftsgebieten im Osten und Norden Europas ein und erreichen sogar die Alpen. In den Hochlagen finden sie sich dann in Arvenbeständen (Zirbelkiefer *Pinus cembra*) ein. Sie entnehmen aus den von den Tannenhähern übrig gelassenen Arvenzapfen die Samen und knacken sie sogleich. Sie verstecken keine Samen im Boden, treten also nicht als Symbionten in Erscheinung, sondern parasitieren auf dem symbiontischen System von Arve und Tannenhäher (s. S. 182). Wahrscheinlich lassen sie nur die Spindeln der Zapfen übrig, wie es auch Hakengimpel tun. Tannenhäher dagegen ernten den ganzen Zapfen, reißen die Schuppen ab und entnehmen die Samen.

Bei Kernbeißern ist auch das Verzehren von gelben Krokusblüten nachgewiesen worden. An zerbissenen Blüten allein kann man aber nicht den Urheber erkennen. Dabei kommen auch Haussperlinge infrage. Im Frühjahr, wenn es noch keine Früchte und Samen gibt, ernähren sich Kernbeißer vielfach von Knospen und Sämereien von Kräutern, sammeln aber auch Sämereien am Boden auf.

Fichtenkreuzschnabel *Loxia curvirostra*

Fichtenkreuzschnäbel sind spezialisiert auf die **Zapfen** von Nadelbäumen, aus denen sie die Samen gewinnen. Sie bevorzugen Fichtenzapfen. Auf jeder Schuppe des Zapfens liegen, wie bei Nadelbäumen üblich, zwei Samen. Bei der Fichte sind sie klein und geflügelt. Mit ihren überkreuzten Schnabelspitzen können die Kreuzschnäbel die Schuppen unter Schließen des Schnabels auseinanderspreizen und dabei die Samen entnehmen. Beim Herausziehen der Schnabelspitzen wird die Schuppe oft der Länge nach aufgeschlitzt. Dies ergibt ein typisches Bild, anders als beim Buntspecht (s. S. 167). Eichhörn-

Fichtenkreuzschnäbel ernähren sich vorwiegend von Samen der Fichte, die sie mit ihrem gekreuzten Schnabel aus den am Baum hängenden Zapfen entnehmen.

Ein reifer Fichtenzapfen öffnet sich von selbst und streut seine mit Flügeln versehenen Samen aus, die propellerartig davonfliegen können.

Die Zapfen der Hemlocktanne sind nur etwa 2 cm lang. Sie haben nicht viele aber recht große Samen.

Auch die kleinen Zapfen der Lärche werden vom Fichtenkreuzschnabel genutzt (rechts).

chen hingegen beißen alle Schuppen vom Fichtenzapfen ab und hinterlassen die Zapfenspindel mit den losen Schuppen (s. S. 166). Der vom Kreuzschnabel bearbeitete Zapfen behält seine Schuppen, macht aber einen recht unordentlichen Eindruck. Oft werden die Zapfen nicht komplett ausgeräumt. Jungvögel haben anfangs noch einen geraden Finkenschnabel, der erst später zum Kreuzschnabel auswächst. Sie werden nach dem Ausfliegen noch eine Zeitlang von den Altvögeln versorgt.

Fichtenkreuzschnäbel bearbeiten die Fichtenzapfen oft, ohne sie vom Baum abzunehmen. Manchmal beißen sie sie ab und bearbeiten sie auf einem Ast, wobei sie sie mit dem Fuß festhalten. Buntspechte transportieren dagegen die geernteten Zapfen immer zu einer Spechtschmiede (s. S. 167). Kreuzschnäbel nutzen auch gelegentlich die Zapfen von Lärchen, an denen sie ebenfalls ihre Bearbeitungspuren hinterlassen. Die Vögel können sich auch tagelang in einer Hemlocktanne *Tsuga canadensis* aufhalten und entnehmen die Samen aus den nur 2 cm langen abgepflückten Zapfen. Die geflügelten Samen sind größer als die Zapfen erwarten lassen. Die verwandten und gelegentlich in Mitteleuropa als Gäste auftretenden **Kiefernkreuzschnäbel** (*Loxia pytyopsittacus*) sind mit ihren massiveren Schnäbeln mehr an die harten Kiefernzapfen angepasst. Auch der Schottische Fichtenkreuzschnabel (*Loxia curvirostra scotica*) hat einen massiveren Schnabel als die kontinentalen Vögel und nutzt ebenfalls vorwiegend Kiefernzapfen.

Ebenso wie Drosseln nutzen Fichtenkreuzschnäbel gelegentlich auch Apfelfrüchte. Im Gegensatz zu den Drosseln verwerfen sie aber das Fleisch und nehmen nur die Kerne auf. Dabei entstehen am Apfel bezeichnende Bissspuren; das Fleisch hängt in Fetzen herab. Da sie wegen der überwiegend vegetarischen Ernährung vor allem Kalium, aber zu wenig Natrium zu sich nehmen, versorgen sie sich wie andere Körnerfresser zuweilen am Boden oder an Mauern mit den notwendigen Mineralien, was zu entsprechenden Spuren führen kann.

Fichtenzapfen zum Vergleich: unbearbeitet (links), vom Buntspecht unvollständig bearbeitet (Mitte) und vom Kreuzschnabel bearbeitet (rechts).

Der männliche Fichtenkreuzschnabel hat den Zapfen der Hemlocktanne abgebissen und hält ihn mit den Füßen fest, während er die Samen entnimmt. Gleichzeitig muss er mit den Füßen seinen Stand auf dem Zweig sichern.

Ammern – Emberizidae

Schneeammer *Plectrophenax (Calcarius) nivalis*

Schneeammern überwintern an unseren Küsten und sind dann oft gruppenweise in den Vordünen und Spülsäumen anzutreffen, wo sie sich gemeinsam mit Ohrenlerchen von Sämereien ernähren. Ebenso wie die Lerchen bewegen sie sich meist laufend und nicht hüpfend vorwärts und hinterlassen im Sand und Schnee entsprechende **Laufspuren**. In eiligem Lauf erzeugen sie neben den Fußabdrücken jeweils eine Schleifspur, die von dem nachgezogenen Fuß erzeugt wird, wahrscheinlich von der Hinterkralle. Außerdem ist der Eindruck der Mittelzehe an der Spitze auffallend seitwärts gekrümmt. Dass die Vögel manchmal auch ein kleines Stück hüpfen, kann man an den Spuren ebenfalls ersehen. Es gibt auch Zwischenformen zwischen Laufen und Hüpfen.

In diesem Kleid überwintern Schneeammern im ersten Winter bei uns.

Normale Laufspur im feuchten Sand

Eiliges Gehen mit längeren Schritten im trockenen Sand

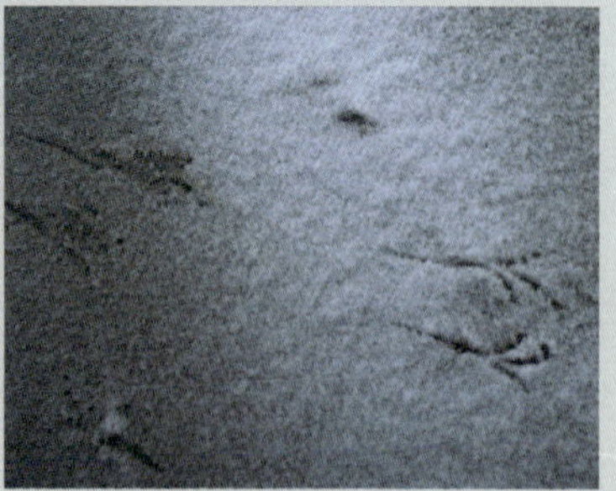

Schneeammern können auch hüpfen, wie die Spur in dünner Schneeschicht auf dem Sand zeigt.

Der gläserne Vogeltod:
Anflug an Fensterscheiben

Ein Vogel fliegt gegen eine Fensterscheibe, entweder weil er dahinter eine Landschaft auf der anderen Seite der Veranda oder durch das Haus hindurch erreichen will, oder weil ihm die Spiegelung im Glas eine Landschaft vortäuscht. Weltweit kommen auf diese Weise alljährlich viele Millionen, ja sogar Milliarden von Vögeln ums Leben. Zurück bleibt außer dem toten oder verletzten Vogel am Boden auch eine kaum sichtbare Spur an der Glasscheibe. Wenn man sie bei scharfem Gegenlicht vor dunklem Hintergrund betrachtet, sieht man mehr.

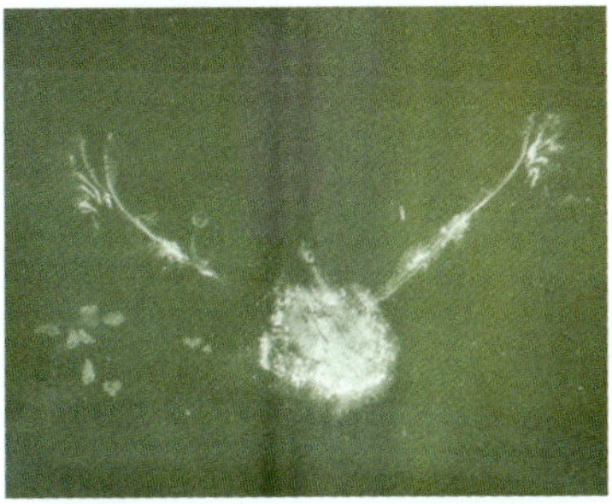

Die Ringeltaube ist frontal ans Fenster geflogen.

Bei einer Taube und manchen anderen Vögeln ist das Gefieder mit einem talkumartigen **Puder** bedeckt, der von bestimmten Puderdunen am Körper gebildet wird. Prallt ein solcher Vogel gegen eine Glasscheibe, so hinterlässt er dort ein zartes gepudertes Abbild, in dem oft Flügel und Schwanz, manch-

Gefahr besteht besonders dort, wo Vögel Durchblick haben.

Auch die Spiegelung täuscht die Vögel.

Spur eines Kleinvogels am Fenster

Die Federn außen am Fenster stammen von einer Wacholderdrossel.

Angeflogen und überlebt: Gartenbaumläufer

mal auch weitere Körperteile und Strukturen zu erkennen sind. Ähnlich dürfte es wirken, wenn ein Vogel eben aus dem Bad im Sand oder Staub kommt, mit dem manche Arten ihr Gefieder pflegen, wie zum Beispiel ein Sperling oder ein Hühnervogel. Aber auch Vögel ohne solche Eigenheiten erzeugen beim Anflug Spuren auf dem Glas, genauso, wie wenn ein Mensch mit der Nase oder der Stirn eine Scheibe berührt. Das mag bei dem Vogel darauf beruhen, dass er sein Gefieder mit einem ölhaltigen Sekret geschmeidig hält, das er aus seiner Bürzeldrüse entnimmt. Sicherlich genügt es aber auch, dass das Federkleid des Vogels nach dem Baden im Wasser oder bei Regenwetter nur nass oder feucht ist. Manchmal sieht man dann auch noch trocknende Wassertropfen an dem Vogelabdruck. Bisweilen bleibt auch ein Federchen hängen, an dem man mit etwas Glück den Vogel bestimmen kann, selbst wenn er längst mit dem Leben davon gekommen und verschwunden ist.

Spuren in unterschiedlichen Lebensräumen

Bis hierhin wurden in diesem Buch im Wesentlichen Vogelarten und Artengruppen mit ihren Spuren und anderen Hinterlassenschaften dargestellt. Das geschah unabhängig vom Lebensraum, in dem der Vogel vorkommt. In den meisten Fällen ist aber der Fund in einen bestimmten Lebensraum eingebettet. Der Lebensraum liefert daher wichtige Informationen für das Bestimmen und das Verstehen einer Spur oder einer anderen Hinterlassenschaft. Aus diesem Grund haben wir in den folgenden Abschnitten noch einmal eine Auswahl typischer Funde für die einzelnen Lebensräume im Foto zusammengestellt.

Lebensraum Binnengewässer .... Seite 232

Lebensraum Feld, Offenland, Moor .... Seite 234

Lebensraum Gebirge .... Seite 236

Lebensraum Siedlung .... Seite 238

Lebensraum Strand und Meer .... Seite 240

Lebensraum Wald .... Seite 242

Lebensraum Binnengewässer

Die Funde von Spuren und anderen Hinterlassenschaften der Vögel konzentrieren sich bei Binnengewässern auf die Uferzone. Hier findet man Fußabdrücke von Wasservögeln im Schlamm, Sand oder Schnee, aber auch Kot, Speiballen, Federn und andere Vogelreste. Oft gibt es einen Spülsaum, der aber nicht so ausgeprägt und reichhaltig ist wie am Meer. Einige Vogelarten brüten am Wasser. Eisvögel und Uferschwalben bauen Bruthöhlen im Steilufer.

Die Elbeschleife am Lilienstein/Sächsische Schweiz ist ein attraktives Beispiel für Vogellebensräume an Binnengewässern.

Kot und Feder des Höckerschwans (S. 28)

Fußabdrücke der Stockente (S. 42)

Rastplatz von Kormoranen (S. 76)

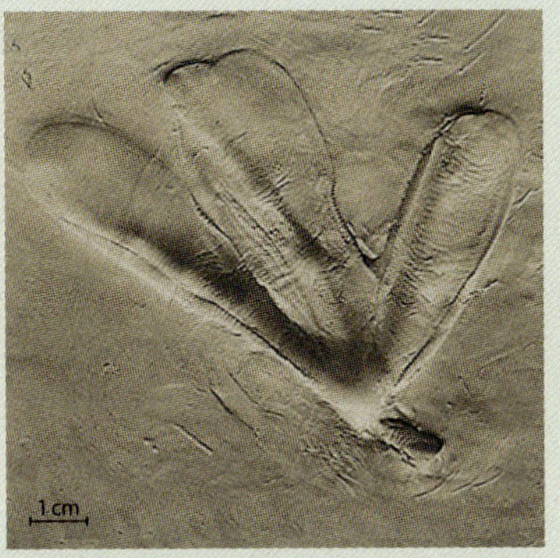

Fußabdruck eines Haubentauchers (S. 73)

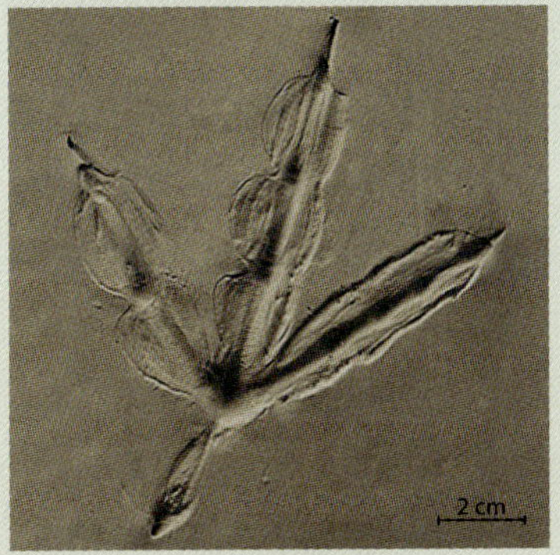

Fußabdruck eines Blässhuhns (S. 107)

Laufspur eines Graureihers (S. 79)

Speiballen eines Waldwasserläufers (S. 116)

Bruthöhle vom Eisvogel (S. 146)

Lebensraum Feld, Offenland, Moor

Fußabdrücke und Sandbadeplätze von Vögeln findet man auf sandigem Untergrund, die Laufspuren auch an austrocknenden Pfützen. Gewölle und Kot sowie Rupfungen und andere Beutereste finden sich häufig an erhöhten Stellen. Hecken und Heckenränder sind oft Fundorte von Rupfungen, die der Sperber hinterlässt. Im Dorngesträuch deponieren auch Neuntöter und andere Würger ihre Beute. In einzelnen Bäumen oder Baumgruppen brüten Elstern und Krähen, deren Nester später Turmfalken und Waldohreulen nutzen.

Das gebüschreiche Offenland im Naturschutzgebiet Spitzenberg-Rothenstein-Borntal bei Jena ist Lebensraum vieler wiesen- und gebüschbrütender Vogelarten.

Laufspur vom Fasan (S. 50)

Kleinvogelrupfung eines Sperbers (S. 93)

Krähennest in der offenen Kulturlandschaft (S. 188)

Speiballen und Kot von Bienenfressern (S. 148)

Gewölle einer Sumpfohreule (S. 138)

Bohrloch eines Grünspechts im Ameisenbau (S. 157)

Von einem Raubwürger aufgespießte Wühlmaus (S. 179)

Schlafplatz einer Feldlerche (S. 194)

Lebensraum Gebirge

Offene und sandige Stellen werden gern von Hühnervögeln zum Sandbaden genutzt. Ihren Kot verstreuen sie in der Bodenvegetation, doch konzentriert er sich an Ruhe- und Schlafplätzen. Große Greifvögel wie Geier und Adler hinterlassen Skelettreste ihrer Beute, Knochen werden vom Bartgeier durch Abwurf zerkleinert. In Bäumen finden sich Höhlen und Ringelspuren von Spechten. Die Höhlen können später u.a. von Meisen und Eulen genutzt werden.

Eisenerzer Alpen in der Steiermark – Lebensraum von Steinadler, Alpendohle, Bartgeier, Schnee- und Steinhuhn, in der Waldzone von Raufußhühnern, Dreizehenspecht und anderen Gebirgswaldbewohnern.

Sandbadeplatz eines Alpenschneehuhns (S. 58)

Kot eines Steinhuhns (S. 48)

Gamskitz als Beute des Steinadlers (S. 89)

Vom Bartgeier abgeworfener Knochen (S. 86)

Gänsegeier am Skelett (S. 88)

Ringelspuren des Dreizehenspechts (S. 163)

Bruthöhle des Weißrückenspechts (S. 173)

Alpendohlen picken am Apfel (S. 181)

Lebensraum Siedlung

Selbst in großen Städten brüten und rasten Falken, Habichte und Eulen, die hier Beutereste und Gewölle, Kot und Federn hinterlassen. Die Brutplätze von Seglern und Schwalben sind oft mit Kot markiert. Nahrungsreste und Kot von Krähen und Dohlen findet man häufig in der Nähe ihrer Brutplätze. Unter Früchte tragenden Bäumen sammeln sich oft Nahrungsreste verschiedener Vögel wie Schalen und Kerne an.

Blick aus der Wasserburg Seebach – Sitz der Staatlichen Vogelschutzwarte Thüringens auf die dörfliche Siedlung Seebach – Lebensraum vieler Vogelarten, die vom Vogelschutzpark des Vogel-Barons Hans von Berlepsch profitieren.

Weißstörche brüten bevorzugt auf Hausdächern. (S. 81)

Beutereste und Gewölle vom Habicht (S. 91)

Kot und Gewölle vom Turmfalken (S. 101)

Brutnische von Mauerseglern (S. 145)

Bruthöhle des Blutspechts (S. 171)

Abgeworfene Walnüsse von Rabenkrähen (S. 188)

Kot unter dem Nistplatz von Mehlschwalben (S. 197)

Von der Amsel leergefressener Apfel (S. 207)

Lebensraum Strand und Meer

An flachen Küsten bilden sich bei Niedrigwasser im Sand und Schlick zahllose Lauf- und Stocherspuren von Wasservögeln ab, die von der Flut wieder ausgelöscht werden. Die Fußbadrücke von Vögeln mit Schwimmhäuten sind schon auf S. 21 vergleichend dargestellt, die von Watvögeln der Küste auf S. 22. In flachem Wasser entstehen auch die Trampelwannen von Möwen und Brandenten. Die Spülsäume sind besonders reichhaltige Fundorte von Vogelresten, Rupfungen, Kot und anderem. Am Strand und auf Salzwiesen finden sich Beutereste von Falken und anderen Beutegreifern sowie Kot der Pflanzen fressenden Enten und Gänse.

Insel Vilm im Greifswalder Bodden

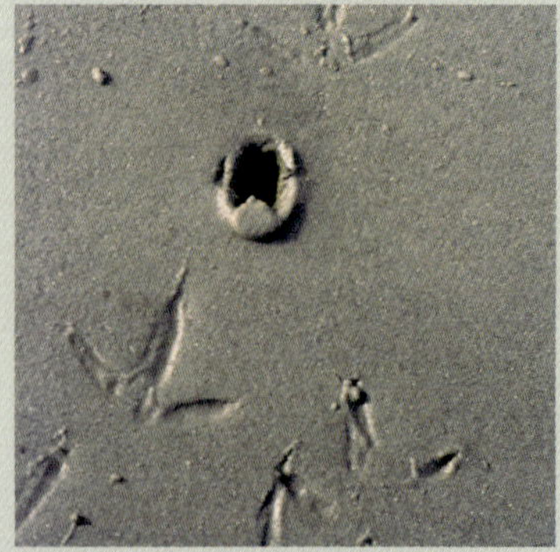

Spuren des Austernfischers im Watt (S. 111)

Laufspuren einer Schneeammer (S. 228)

Trampelwannen der Brandente (S. 36)

Beutereste eines Wanderfalken: Sturmmöwe (S. 103)

Kot der Nonnengans (S. 33)

Pfeifentenkot und Blinddarmkot (S. 43)

Speiballen einer Silbermöwe (S. 121)

Beutereste des Seeadlers (S. 97)

Lebensraum Wald

Im Wald muss man den Blick nicht nur auf den Boden, sondern auch nach oben richten. Am Boden findet man im Sand und Schnee Laufspuren der Waldhühner, auch von Waldschnepfen und Tauben. Hier liegen auch zurückgelassene Beutereste von Greifvögeln sowie die Schneckenschmieden der Singdrossel. Höhlen und Zapfenschmieden der Spechte kann man oft an Hand der am Boden liegenden Holzspäne und Zapfen auffinden. In der Spechtschmiede ist meist noch der zuletzt bearbeitete Zapfen eingeklemmt. Spechte bauen nicht nur arttypische Höhlen, sondern hinterlassen auch Kletterspuren auf der Borke der Bäume ebenso wie Pick-, Stocher- und Ringelspuren. Von Misteln besetzte Bäume ziehen auch im Winter Misteldrosseln und andere Beerenfresser an, die dort ihren klebrigen Kot hinterlassen.

Für viele an Laub-, besonders an Buchenwälder gebundene Vogelarten besitzt Deutschland besondere Verantwortung.

Laufspur eines balzenden Auerhahns (S. 66)

Igelbalg, vom Uhu hinterlassen (S. 139)

Schwarzspechthöhle (S. 160)

Buntspechtschmiede an Kiefer (S. 166)

Schwarzspechthöhle, vom Kleiber zugemauert (S. 205)

Haubenmeise: Holzspäne beim Nestbau (S. 203)

Kot der Misteldrossel (S. 210)

Schneckenschmiede der Singdrossel (S. 213)

Fußspuren

Die Fußabdrücke der Vögel sind zwar typisch, aber oft nicht leicht einer Art zuzuordnen. Aus diesem Grund werden die Fußspuren, die oben im Artenteil schon jeweils bei der einzelnen Art dargestellt worden sind, hier noch einmal nach Verwandtschaft der Vögel neben- oder untereinander abgebildet. Der Vergleich mehrerer Spuren einer Vogelart zeigt, wie stark sich eine Spur je nach Untergrund und Alter verändern kann. Soweit möglich, wurden die Abbildungen mit einem eingedruckten Maßstab versehen, ohne den oft eine Artbestimmung nicht möglich ist. In vielen Fällen – etwa bei den zahlreichen Entenarten – ist dies aber in keinem Fall möglich, wenn man nicht den Vogel vorher am Ort gesehen hat oder eine zugehörige Feder findet. Die Watvögel sind hier nur an wenigen Beispielen dargestellt. Hierzu sei noch auf die vergleichenden Zeichnungen (S. 21) verwiesen. Einen Vergleich der Fußabdrücke von Küstenvögeln mit Schwimmhäuten findet man auf (S. 20).

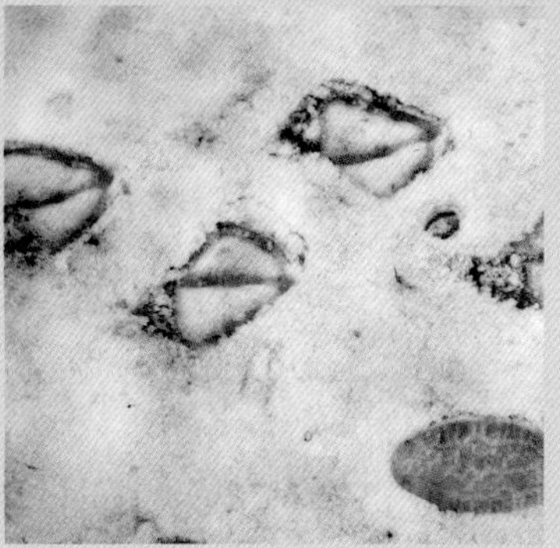

Höckerschwan (S. 28)

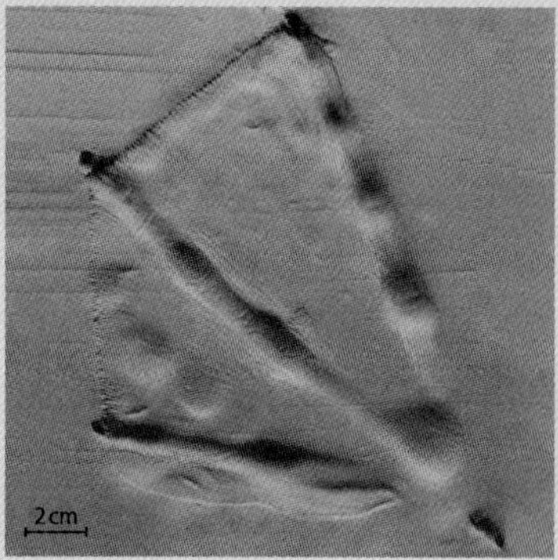

Höckerschwan (S. 28)

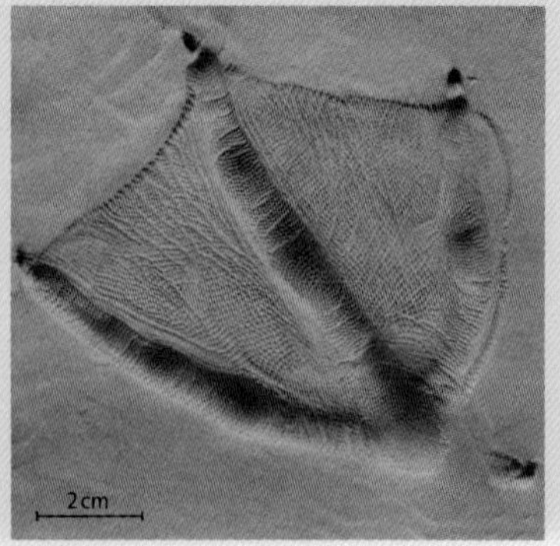

Graugans (S. 31)

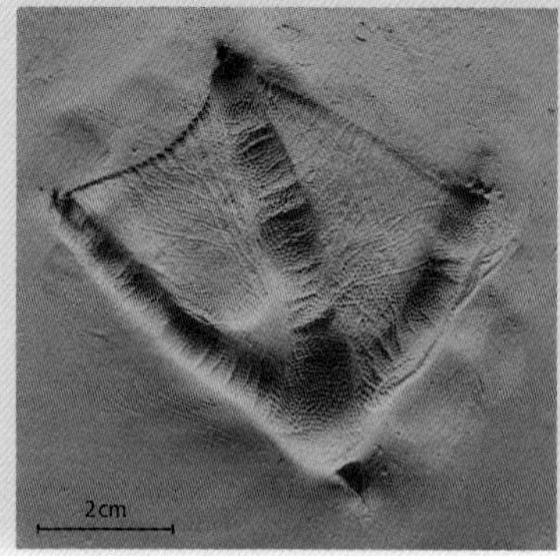

Weißwangengans/Nonnengans (S. 33)

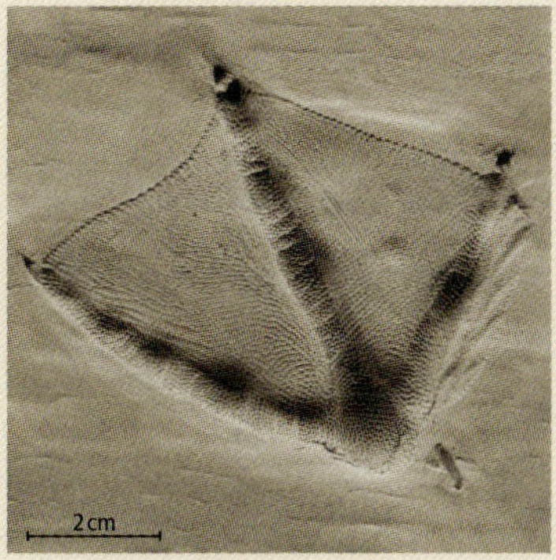

Ringelgans (S. 35)

Hier ist eine Ringelgans mit Gössel zum Wasser gelaufen (S. 35).

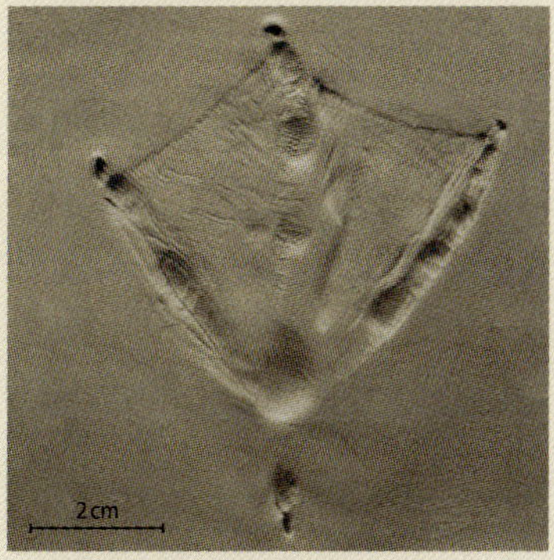

Brandgans/Brandente (S. 36)

Brandgans/Brandente (S. 36)

Nilgans (S. 40)

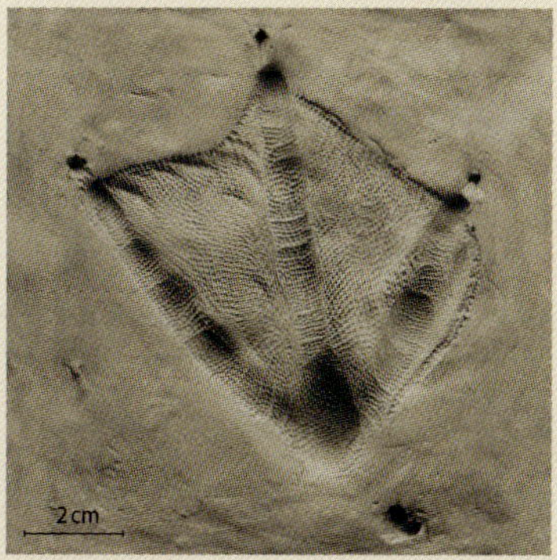

Nilgans (S. 40)

Stockente (S. 42)

Stockente (S. 42)

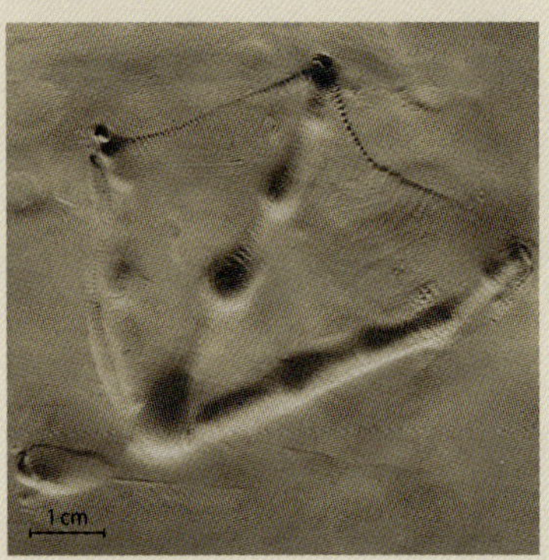

Stockente (S. 42)

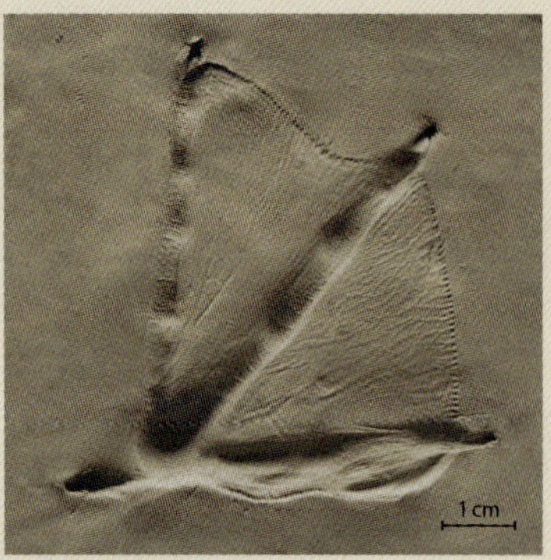

Schnatterente (S. 26)

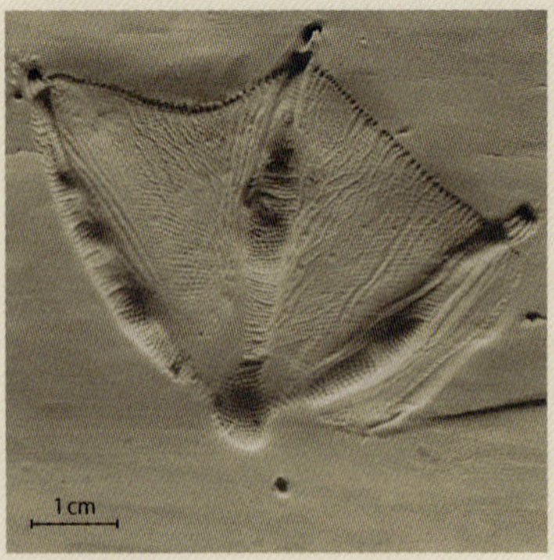

Pfeifente (S. 43)

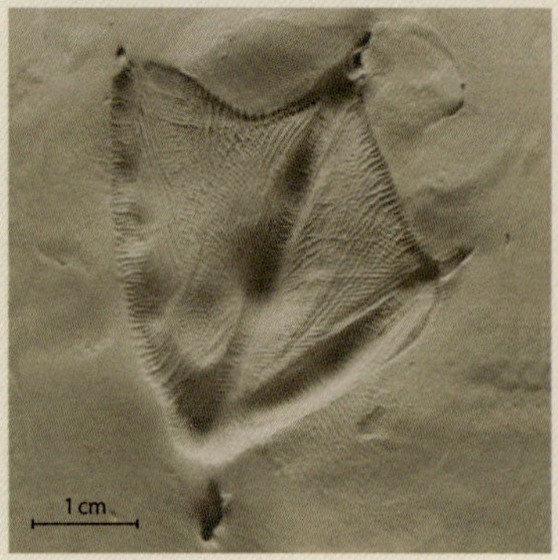

Krickente (S. 26)

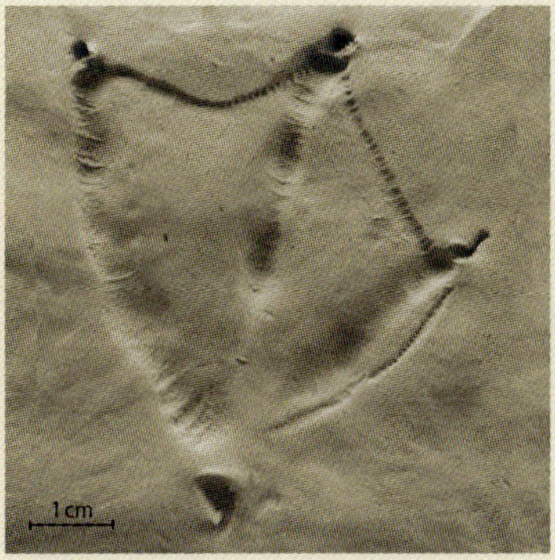

Löffelente (S. 26)

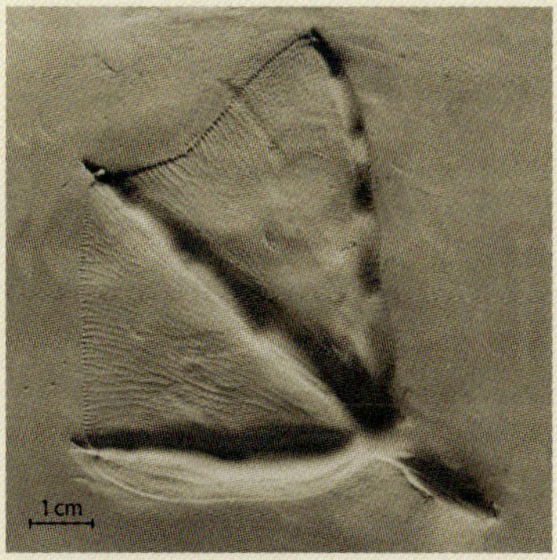

Reiherente (S. 45)

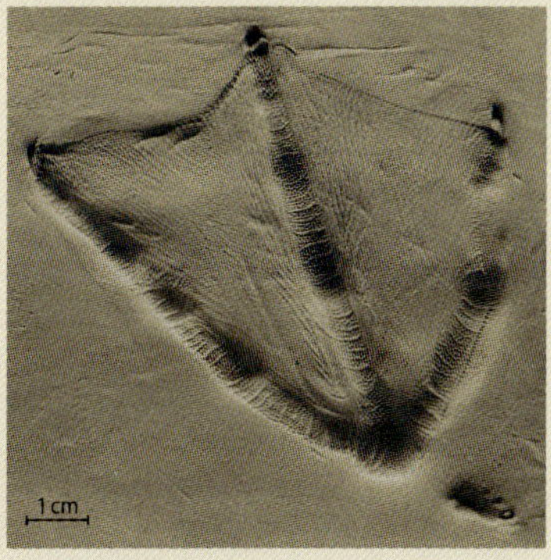

Bergente (S. 45)

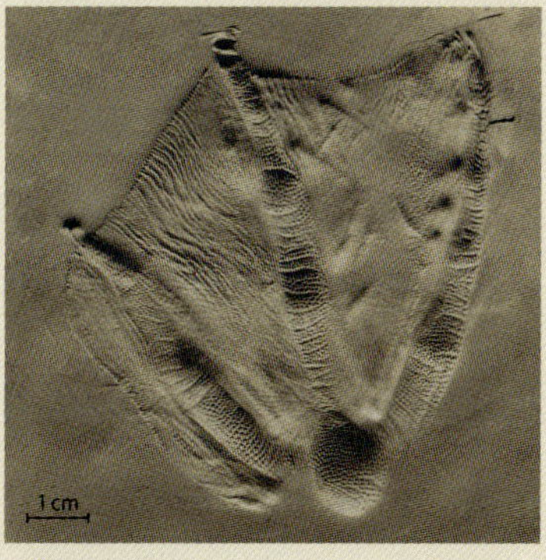

Eiderente (S. 45)

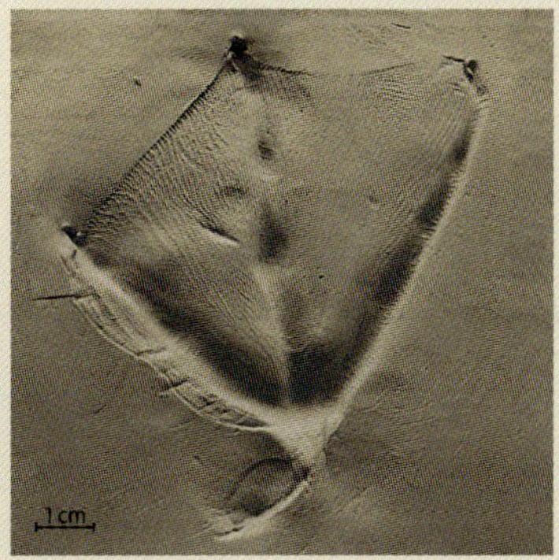

Eisente (S. 45)

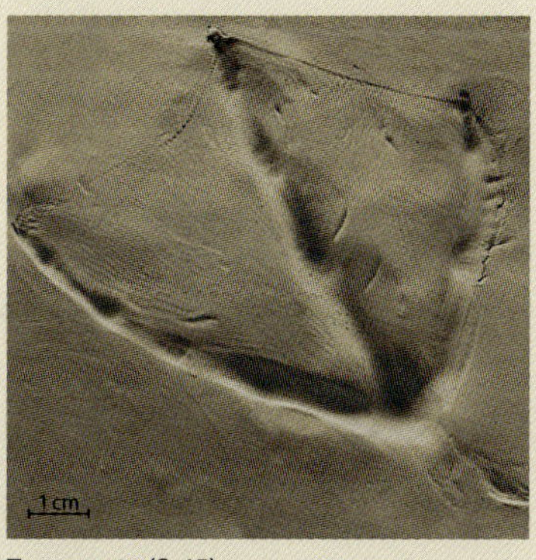

Trauerente (S. 45)

Schellente (S. 45)

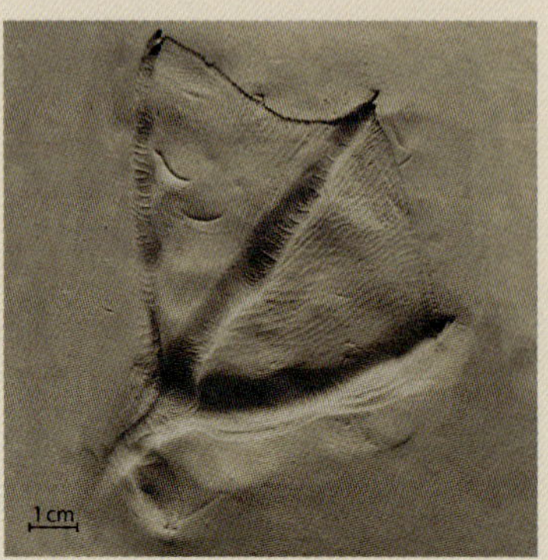

Gänsesäger (S. 46)

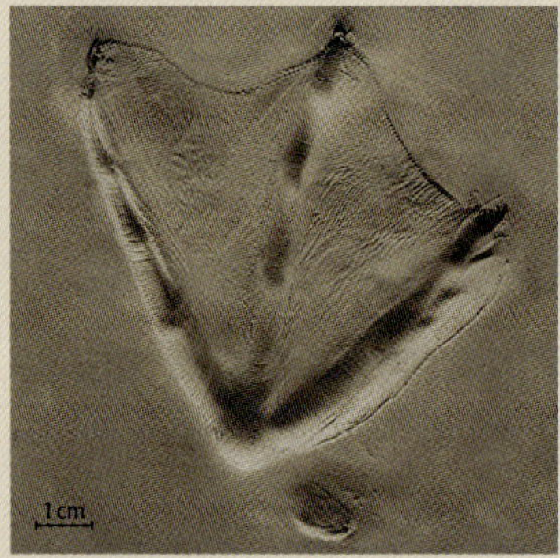

Mittelsäger (S. 46)

Zwergsäger (S. 46)

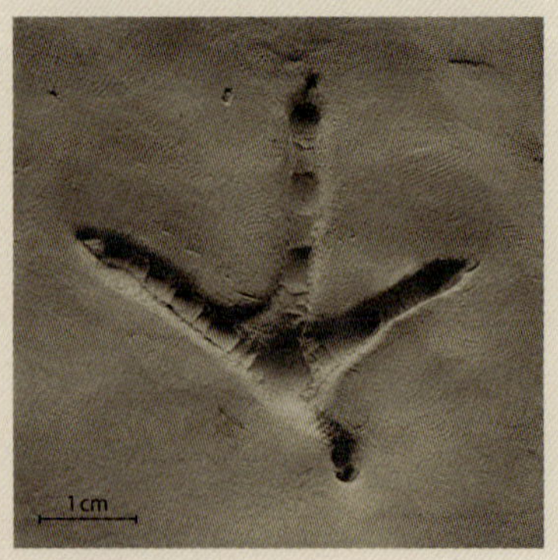

Wachtel, Männchen (S. 47)

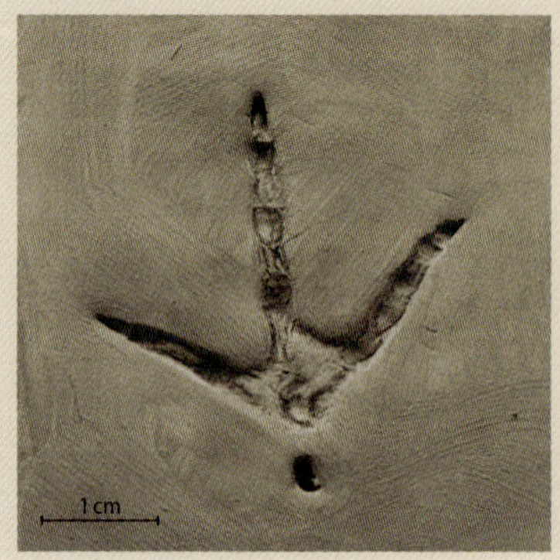

Wachtel, Weibchen (S. 47)

Steinhuhn (S. 48)

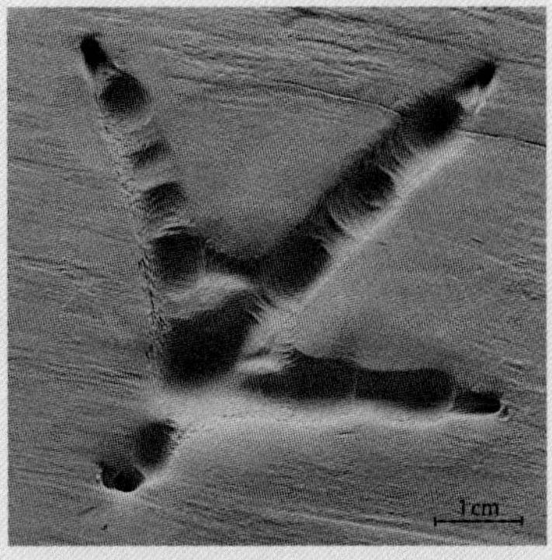

Steinhuhn (S. 48)

Fasan, Weibchen (S. 50)

Fasan, Männchen (S. 50)

Fasan (S. 50)

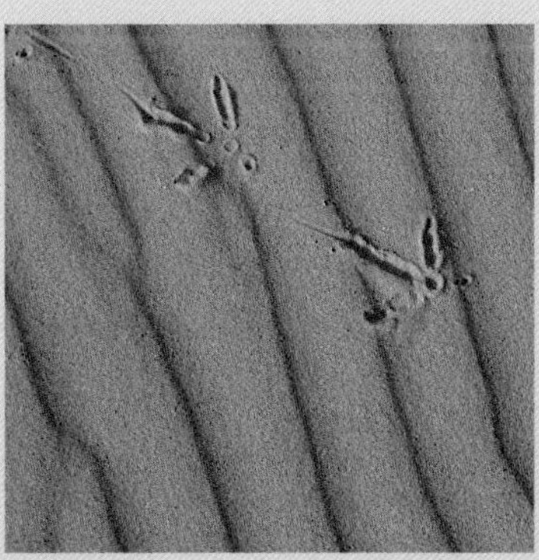

Fasan (S. 50)

Rebhuhn (S. 53)

Rebhuhn (S. 53)

Alpenschneehuhn (S. 58)

Alpenschneehuhn (S. 58)

Haselhuhn (S. 61)

Haselhuhn (S. 61)

Haselhuhn (S. 61)

Haselhuhn (S. 61)

Auerhuhn (S. 66)

Auerhuhn (S. 66)

Auerhuhn, Weibchen (S. 66)

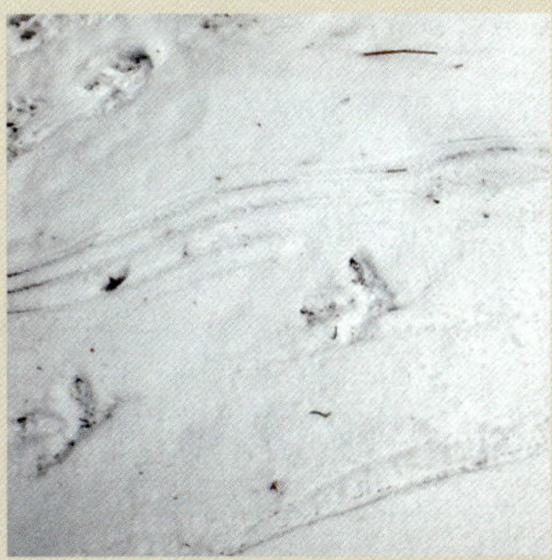

Auerhuhn (S. 66)

Auerhuhn, Männchen (S. 66)

Auerhuhn, Weibchen (S. 66)

Birkhuhn (S. 69)

Birkhuhn (S. 69)

Birkhuhn, Männchen (S. 69)

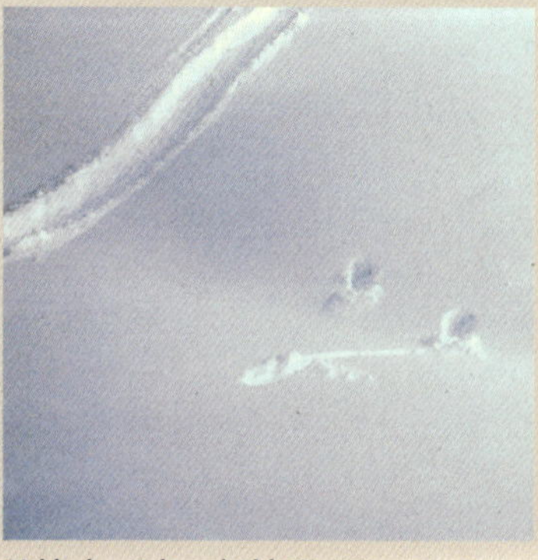

Birkhuhn, Schneehöhle (S. 69)

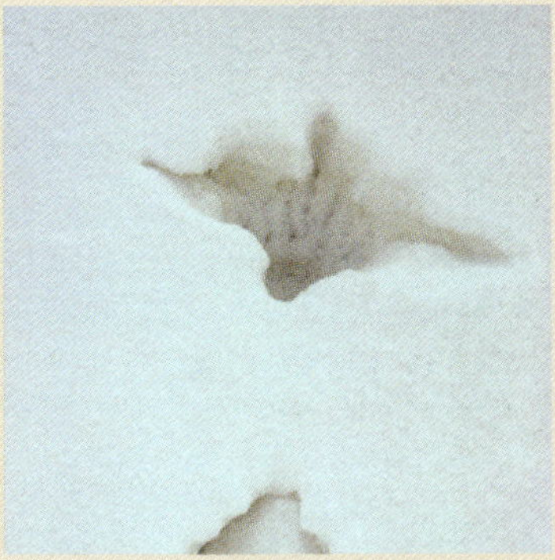

Birkhuhn, Schneehöhle (S. 69)

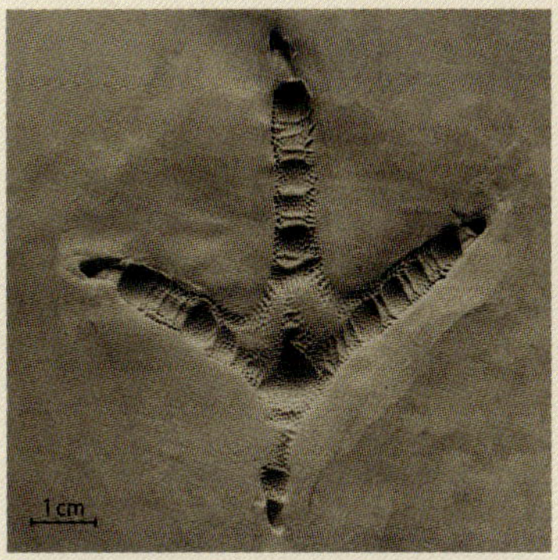

Birkhuhn (S. 69)

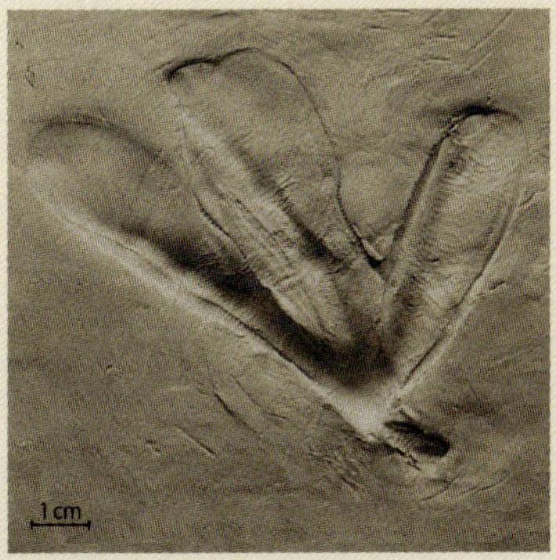

Haubentaucher (S. 73)

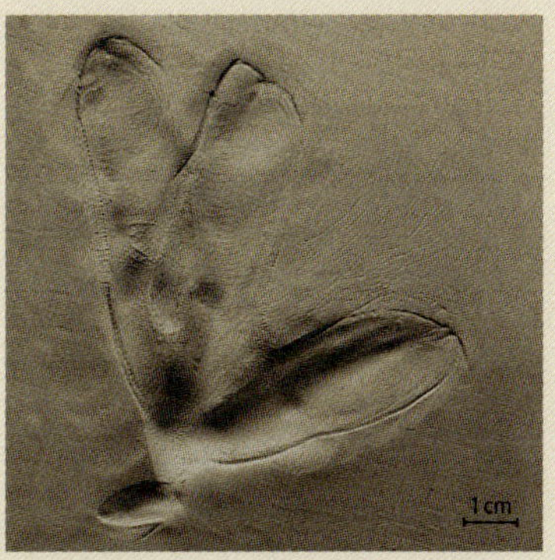

Rothalstaucher (S. 73)

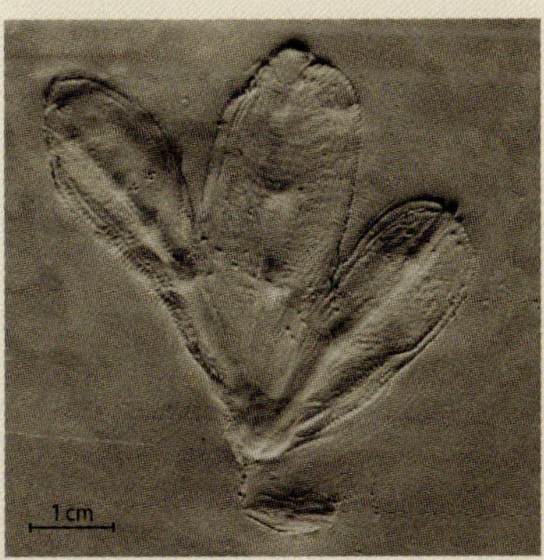

Zwergtaucher (S. 73)

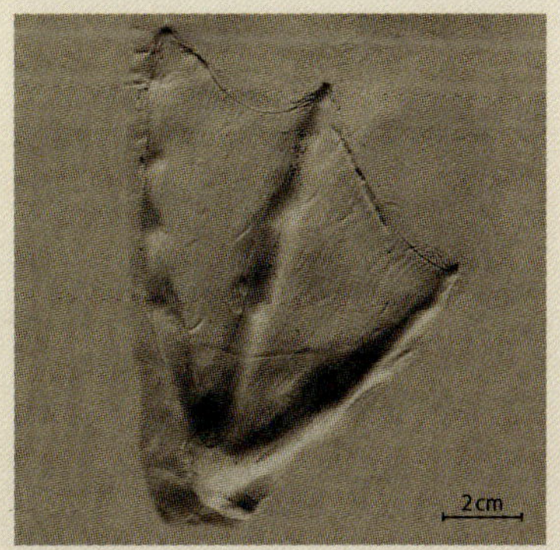

Prachttaucher (S. 74)

Kormoran (S. 76)

Graureiher (S. 79)

Graureiher (S. 79)

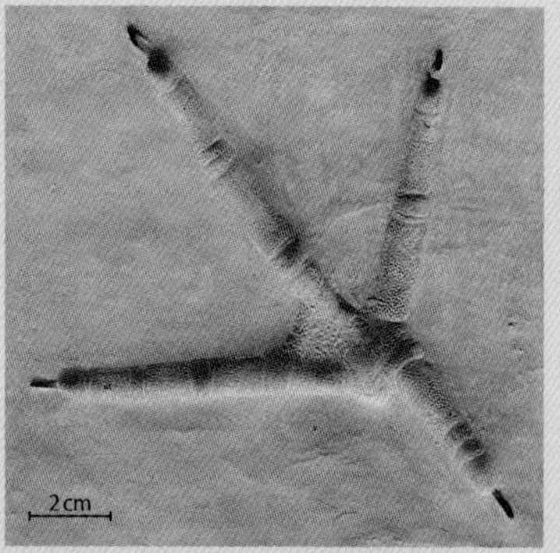

Graureiher (S. 79)

Silberreiher (S. 78)

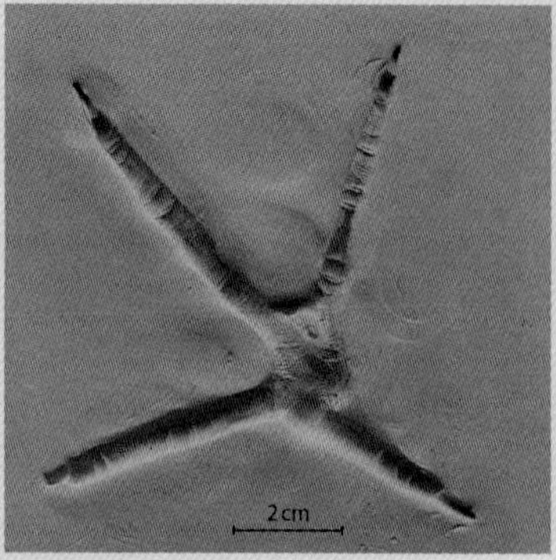

Seidenreiher (S. 78)

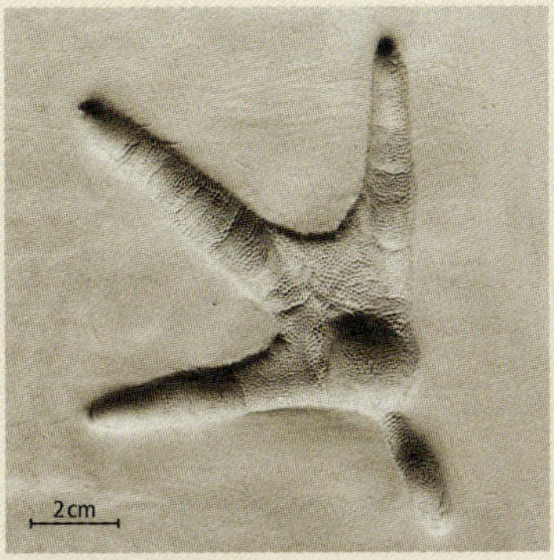

Weißstorch (S. 81)

Schwarzstorch (S. 81)

Kranich (S. 105)

Kranich (S. 105)

Kranich (S. 105)

Kranich (S. 105)

Kranich (S. 105)

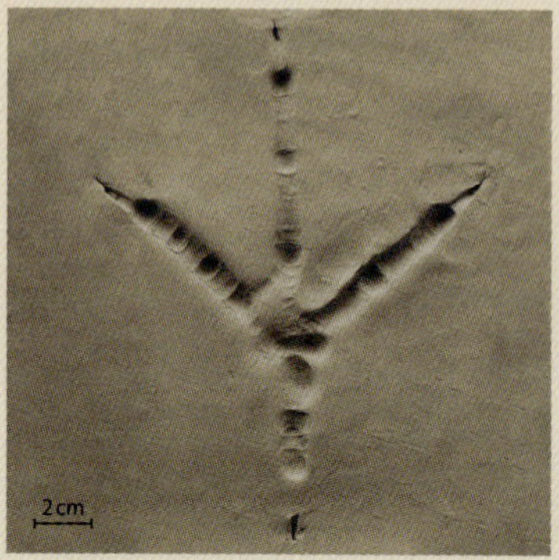

Rohrdommel (S. 78)

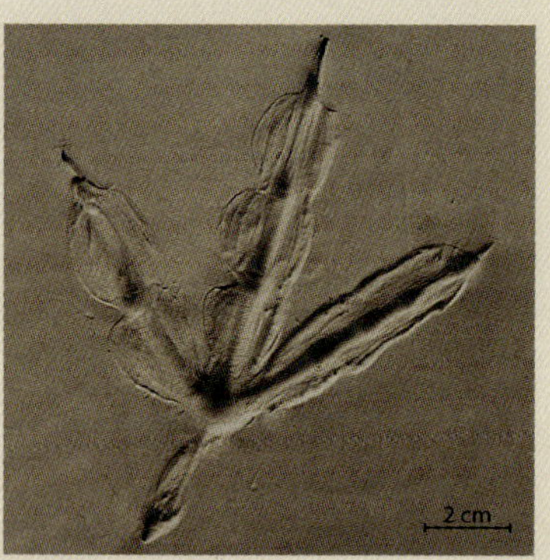

Blässhuhn (S. 107)

Wasserralle (S. 107)

Teichhuhn (S. 108)

Zwergtrappe (S. 109)

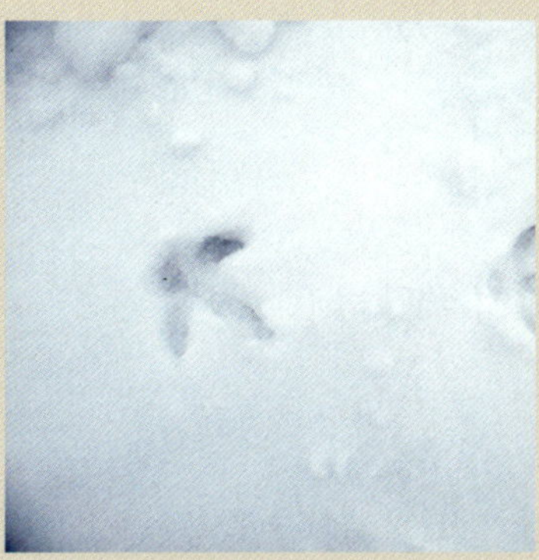

Großtrappe (S. 108)

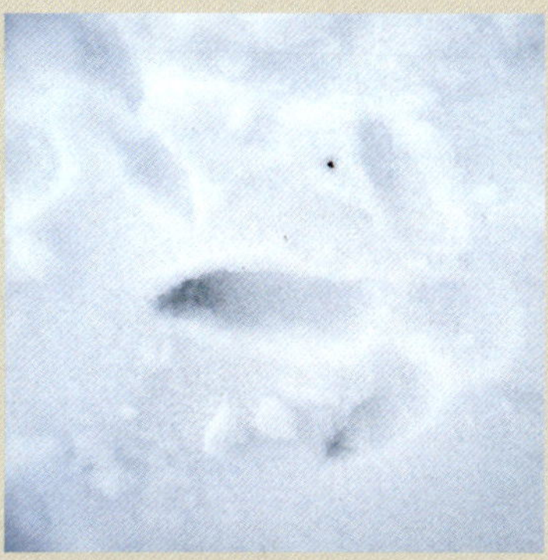

Großtrappe (S. 108)

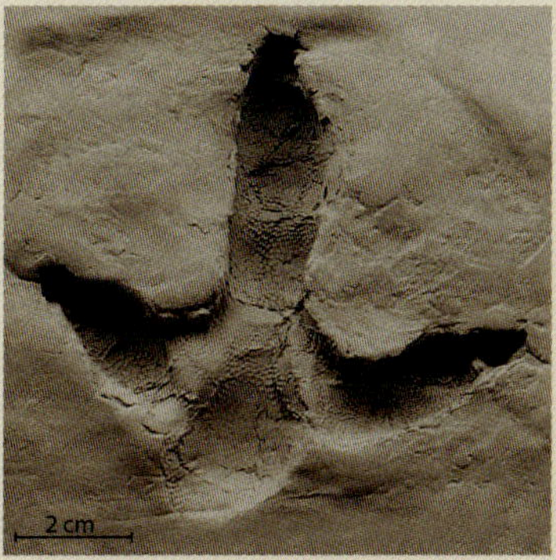

Großtrappe Männchen (S. 108)

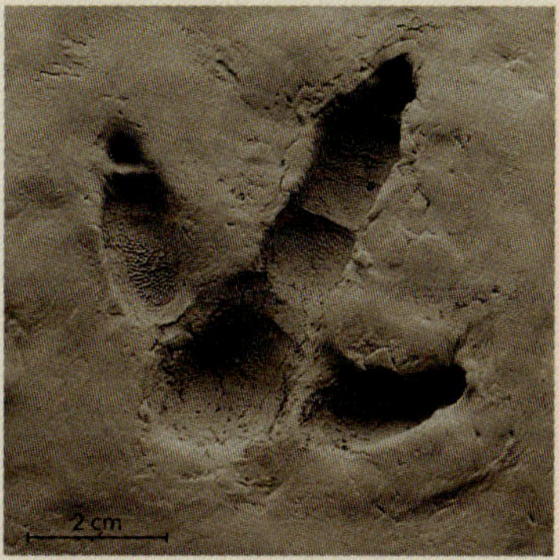

Großtrappe Weibchen (S. 108)

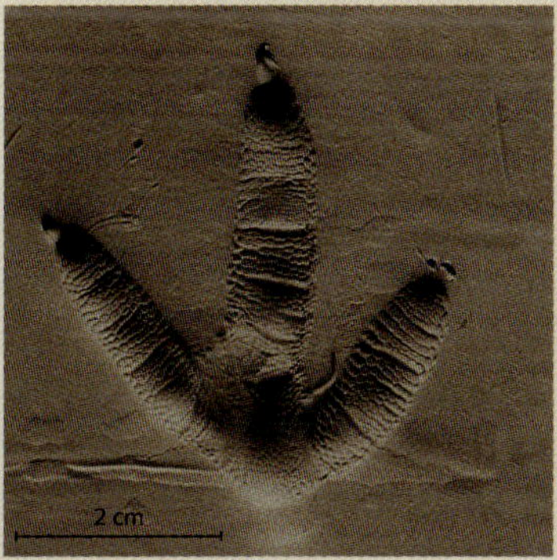

Großtrappe Jungvogel (S. 108)

Kampfläufer (S. 110)

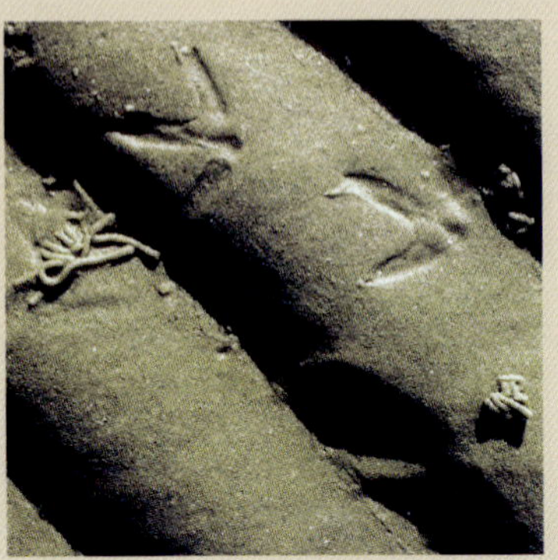

Austernfischer (S. 111)

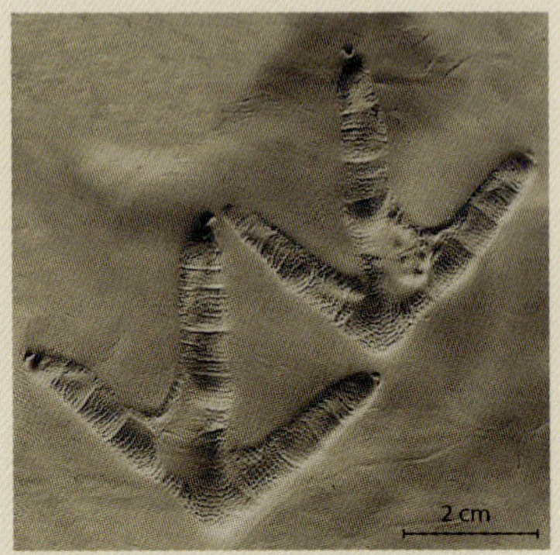

Austernfischer (S. 111)

Kiebitzregenpfeifer (S. 113)

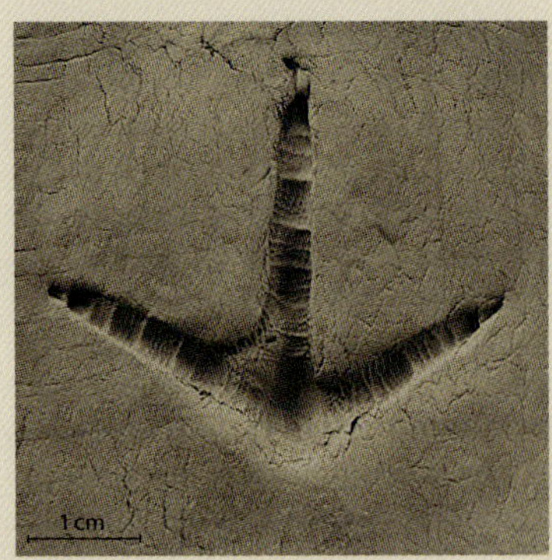

Goldregenpfeifer (S. 113)

Kiebitz (S. 113)

Bekassine (S. 115)

Waldschnepfe (S. 114)

Waldschnepfe (S. 114)

Waldschnepfe (S. 114)

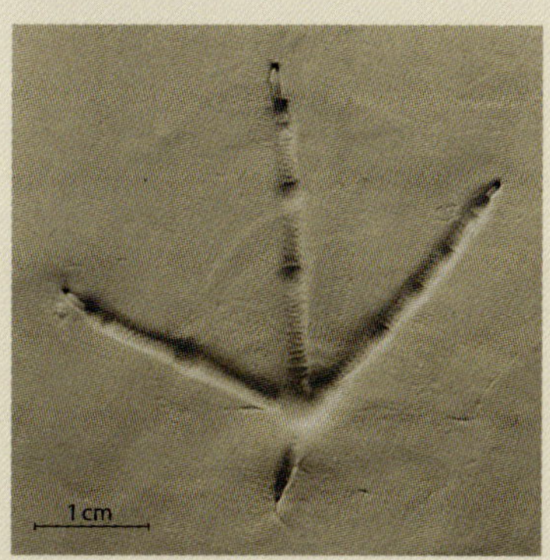

Zwergschnepfe (S. 115)

Sanderling (S. 117)

Sanderling (S. 117)

Lachmöwe (S. 120)

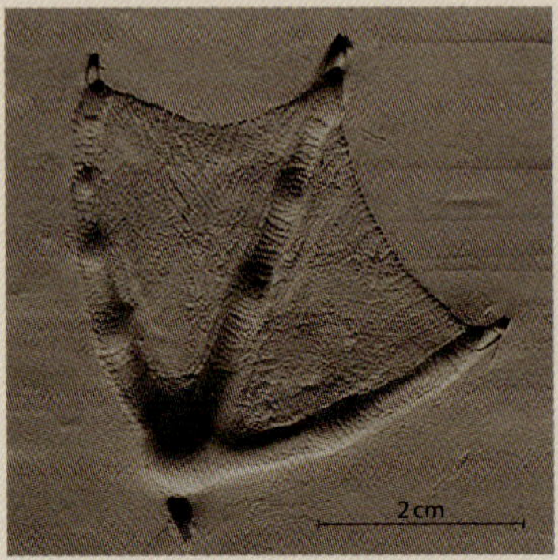

Lachmöwe (S. 120)

Silbermöwe (S. 121)

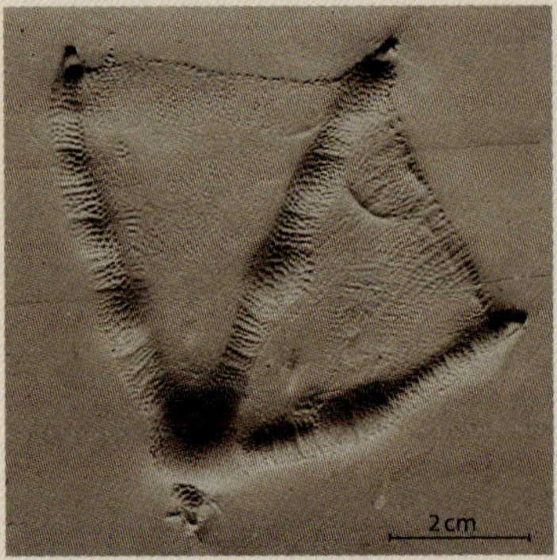

Silbermöwe (S. 121)

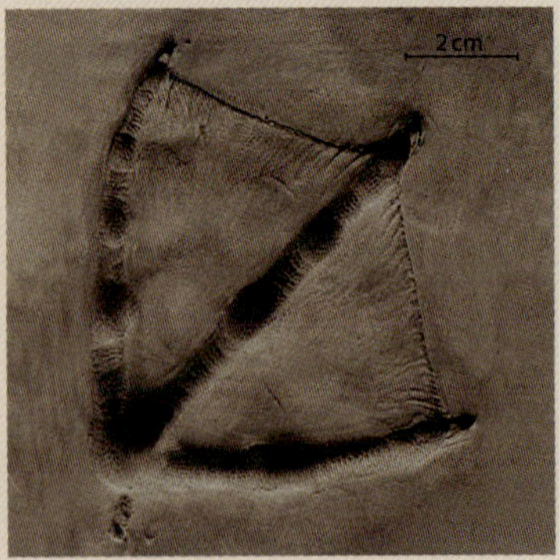

Mantelmöwe (S. 119)

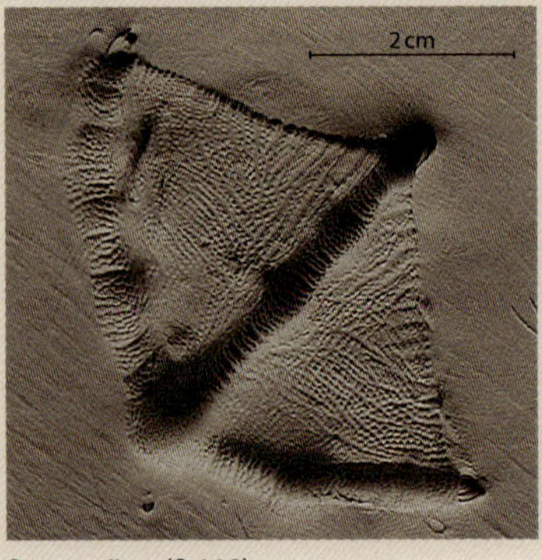

Sturmmöwe (S. 119)

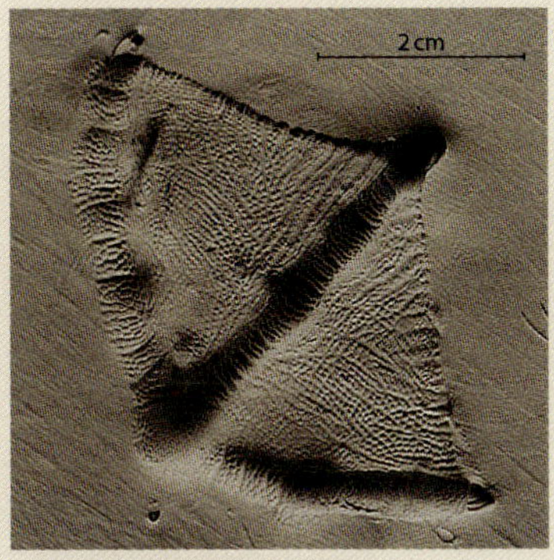

Sturmmöwe (S. 119)

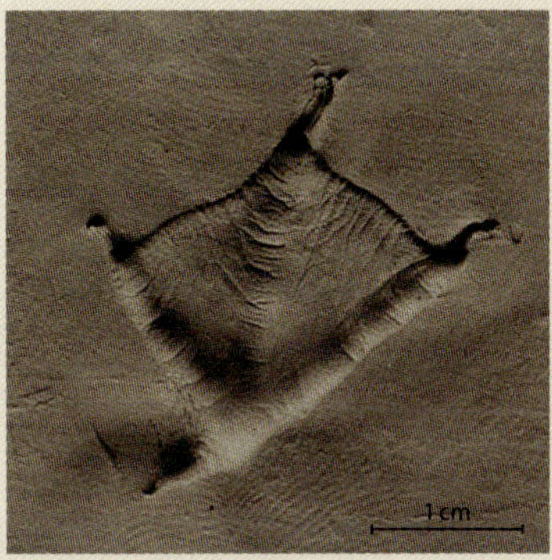

Flussseeschwalbe (S. 125)

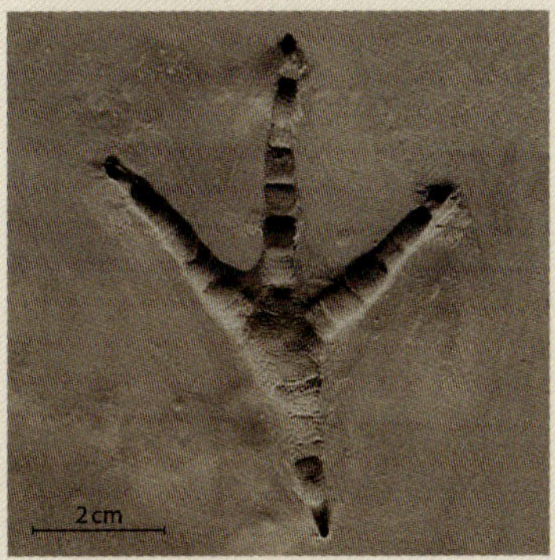

Ringeltaube (S. 126)

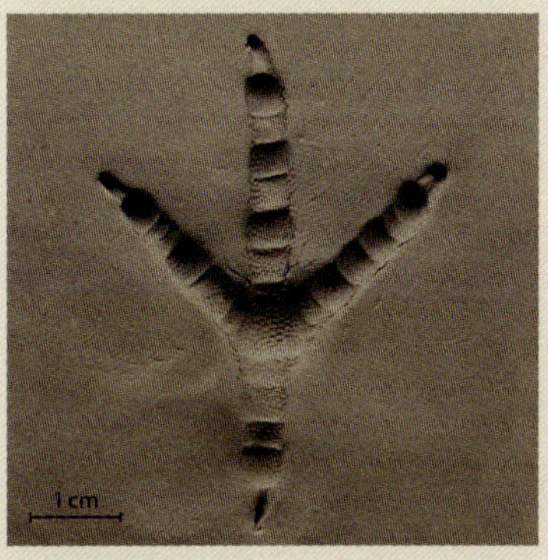

Hohltaube (S. 126)

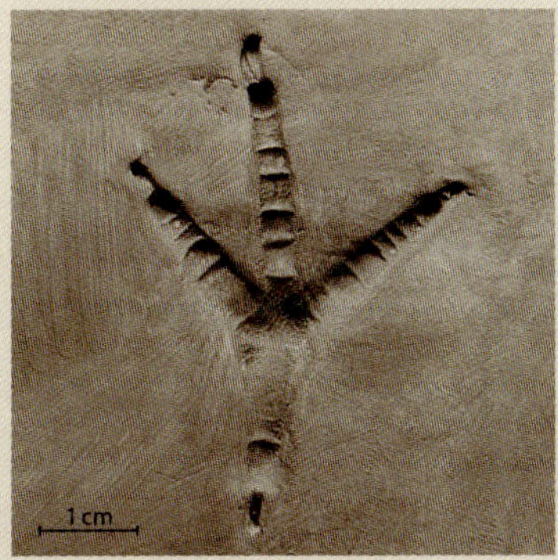

Türkentaube (S. 126)

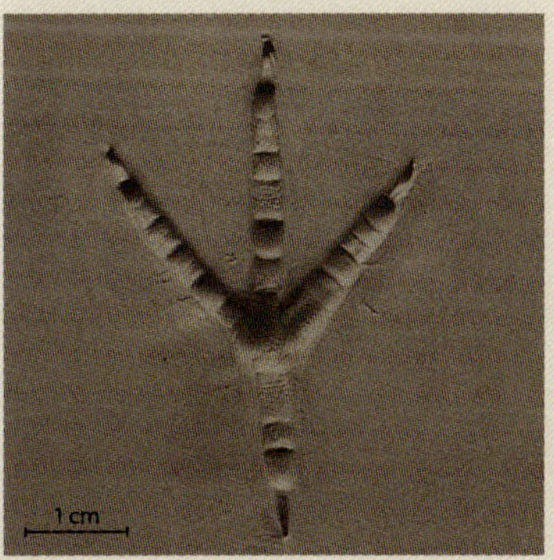

Turteltaube (S. 126)

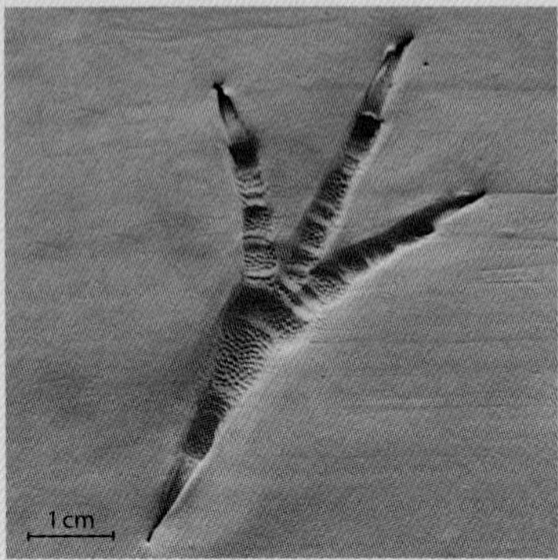

Tannenhäher (S. 182)

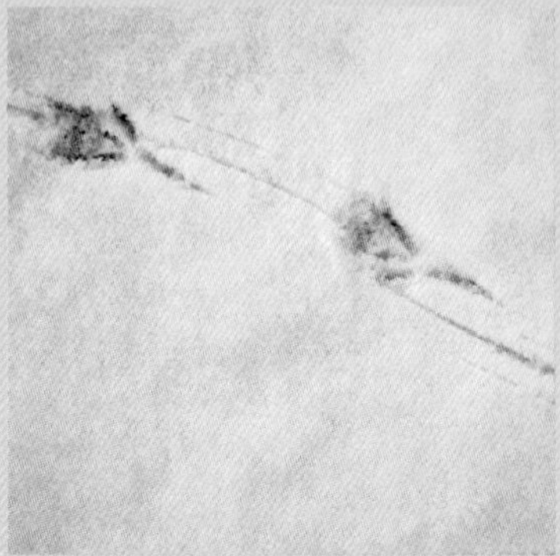

Dohle (S. 186)

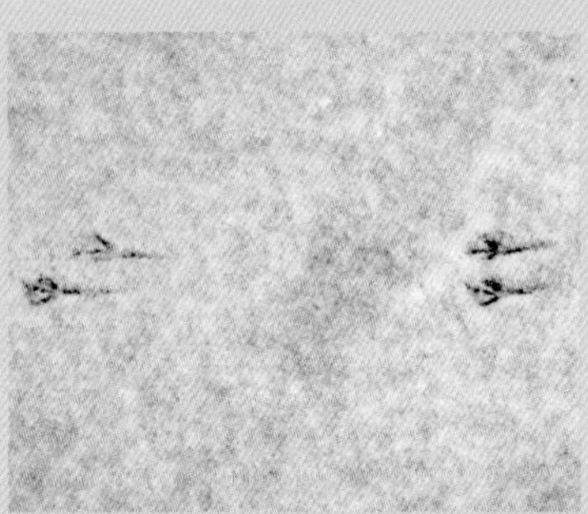

Dohle (S. 186)

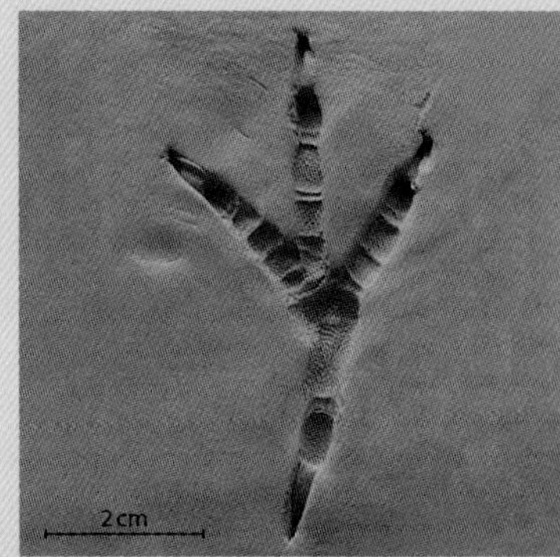

Dohle (S. 186)

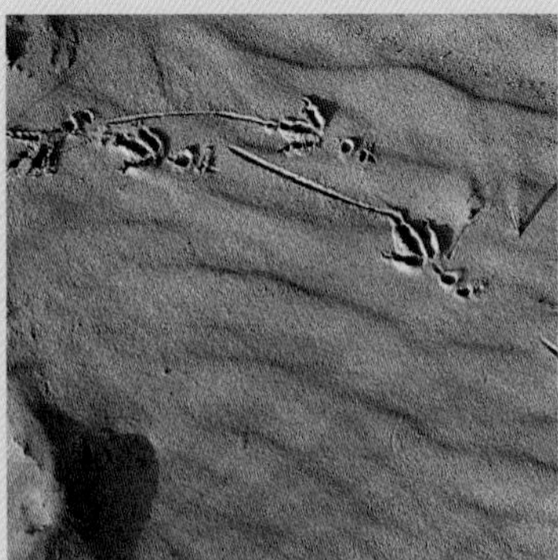

Rabenkrähe (S. 188)

Rabenkrähe (S. 188)

Rabenkrähe (S. 188)

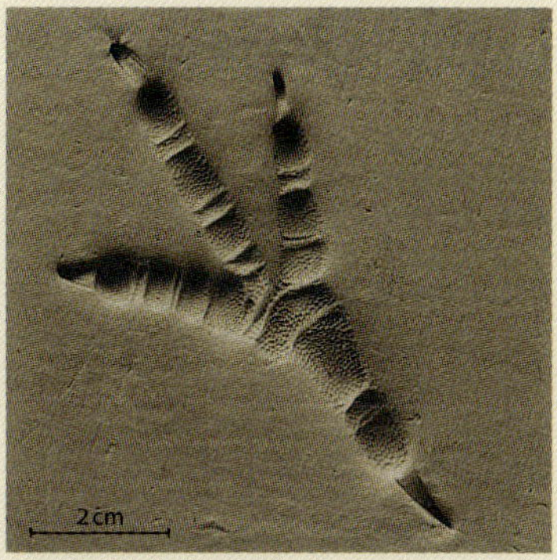

Rabenkrähe (S. 188)

Kolkrabe (S. 193)

Kolkrabe (S. 193)

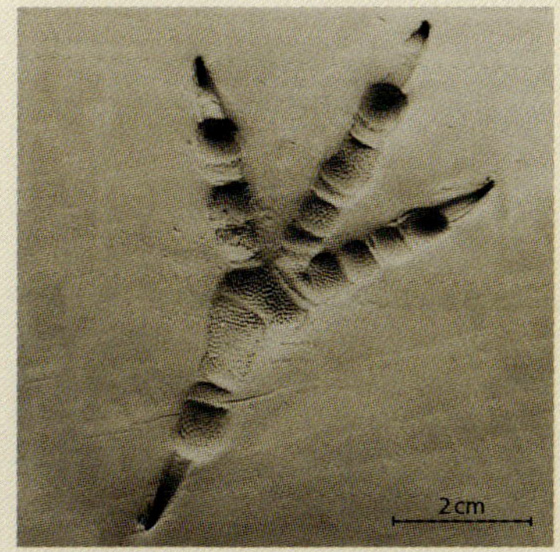

Saatkrähe (S. 180)

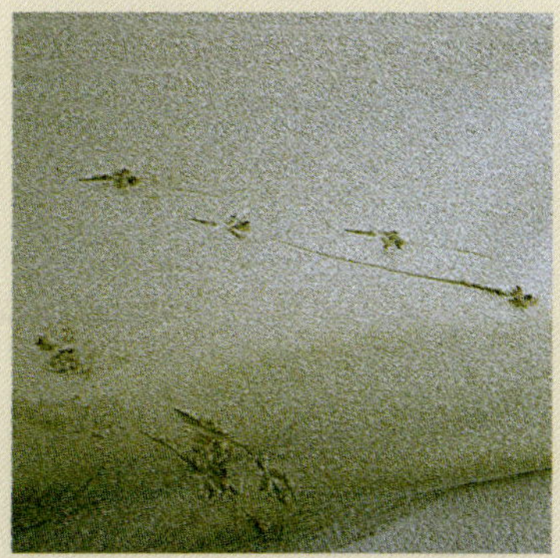

Ohrenlerche (S. 195)

Amsel (S. 207)

Amsel (S. 207)

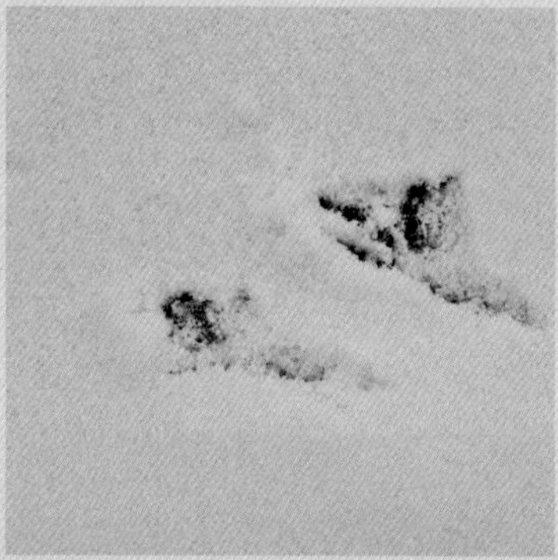

Amsel (S. 207)

Amsel (S. 207)

Strandpieper (S. 217)

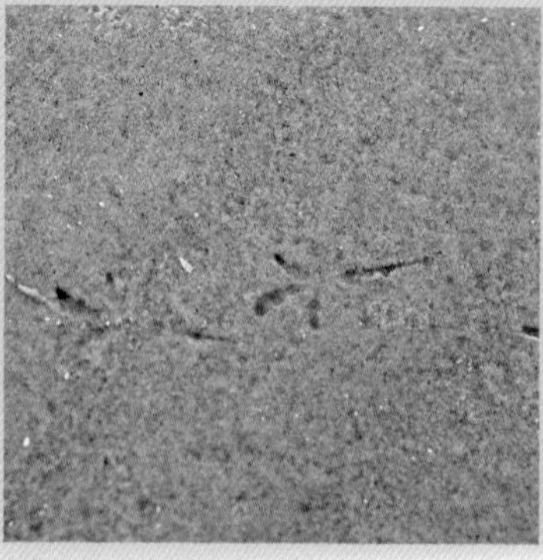

Schneeammer (S. 228)

Horste von Großvögeln

Auf gesonderten Tafeln stellen wir die Nester großer Vögel dar, die auch Horste genannt werden. Dabei geht es hauptsächlich um diejenigen Arten, die im Wald oder in großen Bäumen brüten: Seeadler, Schwarzstorch, Mäusebussard, Rotmilan, Schwarzmilan und andere. Solche Horste soll man erkennen und unterscheiden können. Dies ist besonders dann wichtig, wenn es darum geht, bei der Planung von Vorzugsgebieten für Windkraftanlagen die Brutplätze der geschützten und gefährdeten Vogelarten zu kartieren. Auf diese Weise kann bei rechtzeitiger Vorbereitung die Nähe der Brutreviere dieser Vögel bei der Planung der Anlagen berücksichtig und gemieden werden, wie es die Abstandsempfehlungen der deutschen Vogelschutzwarten beinhalten (Länderarbeitsgemeinschaft der Vogelschutzwarten 2014). In vielen Revieren der großen Vogelarten gibt es mehrere Horstplätze, die jahreweise wechselnd benutzt werden. Man kann sie am verlässlichsten kartieren, wenn man sie im Winter sucht, zu einer Zeit, wenn die Laubbäume kahl sind. Wegen der Gefährdung der Horste empfiehlt es sich, die Funde und Kartierungen vertraulich zu behandeln. Auch sollten zur Fortpflanzungszeit alle Störungen an den Horsten und vor allem Holzeinschlag in der Umgebung vermieden werden. In einigen Bundesländern wurden Horstschutzzonen in den Landesnaturschutzgesetzen verankert.

Schwarzstörche (S. 81) bauen monumentale Horste aus kräftigen Ästen auf alten Bäumen in einsamen Wäldern.

Die mittelgroßen Horste von Fischadlern (S. 83) stehen frei in Baumwipfeln oder auf Masten in der Nähe von Gewässern.

Der Horst des Wespenbussards (S. 87) wird aus belaubten Zweigen gebaut und ist auch im Winter noch daran zu erkennen.

Der Horst des Habichts (S. 91) ist meist am Stamm im unteren Kronenbereich der Bäume erbaut. Die Vögel tragen grüne Zweige herbei.

Das Nest des Sperbers (S. 93) wird meist gut versteckt in einer Fichtendickung angelegt und aus dünnen Zweige erbaut.

Rotmilane (S. 95) legen ihre Horste oft, aber nicht immer nahe dem Waldrand an, so dass sie leicht offenes Gelände für ihren Nahrungserwerb erreichen können.

Der Horst des Schwarzmilans (S. 97) steht oft waldrandnah; vielfach liegt Müll darin oder darunter.

Seeadler (S. 97) bauen riesige Horste aus kräftigen Ästen; sie werden im Lauf der Jahre immer größer und schwerer.

Die mittelgroßen Horste des Mäusebussards (S. 100) können im Waldbestand wie auch in Einzelbäumen stehen, meist aus dünnen Zweigen erbaut.

Graureiher (S. 79) bauen ihre Horste in Baumkronen meist kolonieweise, auch in Siedlungsnähe.

Kolkraben (S. 193) bauen große Nester, die an die Horste des Habichts erinnern, aber nicht begrünt werden.

Junguhus im Kunsthorst. Baumbrütende Uhus (S. 139) können Horste beliebiger Greifvögel nutzen, aber auch künstliche Horstunterlagen.

Auch im künstlichen Horst der Uhus finden sich Nahrung und Beutereste.

Fachbegriffe

Dieses Buch soll nicht mit Fachbegriffen überlastet werden. Einige sind aber unvermeidlich, weil sie ein Kürzel für eine sonst jeweils umständlich zu umschreibende Erscheinung darstellen. Sie werden in der folgenden Liste zusammengestellt und erklärt.

Jäger verwenden für viele Naturerscheinungen spezielle überlieferte Begriffe der „Waidmannssprache". Beispielsweise sprechen sie bei Raubwild von einer Spur, bei Hühnern von Geläuf, beim einzelnen Fußabdruck von einem Trittsiegel. Diese Sondersprache wird hier nur in Ausnahmefällen verwendet, dann nämlich, wenn kein brauchbarer oder gängiger Begriff in der Standardsprache zur Verfügung steht. Einige der darüber hinaus gehenden Begriffe der Jägersprache sind aber zusätzlich in dieses Glossar aufgenommen worden, weil man sie auch in populären Texten zum Thema findet. Weiteres ist in den Büchern von Blase (2010 a, b) und in anderer Jagdliteratur nachlesbar.

Vogelkundliche Begriffe

(Botanische Begriffe siehe S. 276)

Drosselschmiede
Singdrosseln fressen gern Gehäuse tragende Schnirkelschnecken (Gattung *Cepaea*). Um sie von der Schale zu befreien, tragen sie die Beute zu einem am Boden liegenden flachen Stein und schlagen die im Schnabel gehaltene Schnecke so lange darauf, bis die Schale in Stücke bricht. Den Stein, um den sich die Schalenstücke verteilen, nennt man Drosselschmiede.

Fußabdruck, Fußspur
Abdruck eines Vogelfußes im Schlamm, Sand oder Schnee. Er zeigt, wenn er vollständig ist, die drei vorderen Zehen und, soweit vorhanden, auch die Hinterzehe. Ein nasser Fuß hinterlässt auf trockenem glattem Untergrund ebenfalls eine Spur, die allerdings schnell vergeht. In der Jägersprache steht für den Fußabdruck eines Huftiers der Begriff Trittsiegel. Dieser Begriff wird manchmal auch für den Fußabdruck eines Vogels verwendet.

Geläuf
s. Laufspur

Geschmeiß, Schmelz
Begriffe aus der Jägersprache für den weißen flüssigen Kot von Vögeln, die sich von tierlicher Nahrung ernähren, beispielsweise Eulen, Greifvögel und Kormoran.

Gestüber
Begriff aus der Jägersprache für den festen wurstförmigen Kot von Pflanzen fressenden Vögeln, beispielsweise von Hühnervögeln.

Gewölle
Ein Gewölle ist ein meist länglicher Ballen unverdaulichen Materials, der von Vögeln im Magen hergestellt und dann ausgespien wird. Darin sind Stücke von Muschelschalen, Krebstieren, Insektenpanzern oder Knochen von Wirbeltieren enthalten, manchmal auch pflanzliches Material wie Getreidespelzen. Damit ersparen sich diese Tiere die Passage des Materials durch den Darm. Der Begriff Gewölle rührt daher, dass Greifvögel und Eulen die Knochen ihrer Beutetiere vor der Abgabe in Mäusehaar (Wolle) einhüllen. Als solche Hülle können auch Federn verwendet werden. Bei Arten, die keine Wolle oder Federn zur Verfügung haben, verwendet man besser den Begriff Speiballen. Gewölle oder Speiballen werden vor allem von Greifvögeln, Falken und Eulen gebildet, aber auch von vielen anderen Arten mit entsprechender Ernährung, unter den Singvögeln von Rabenvögeln und den Insektenfressern.

Gewölle der Waldohreule finden sich manchmal in großer Zahl unter einem Schlafplatz.

Höhleninitiale
Loch in der Borke eines Baumes, das beim Höhlenbau durch einen Specht als erstes entsteht. Bleibt oft lange erhalten, ohne dass die Höhle fertig gebaut wird.

Huderpfanne
Begriff aus der Jägersprache für die meist wannenartige und mit lockerem Sand, Staub, Erde, Asche, Mulm oder Genist gefüllte Vertiefung im Boden, die von Vögeln für das Sandbaden hergestellt und benutzt wird. Sand- oder Staubbaden und dem entsprechende Sand- und Staubbadestellen treten besonders bei Hühnervögeln, Sperlingen und Lerchen auf. Auch manche Eulen neigen zum Sandbaden.

Kröpfen
Fachbegriff aus der Jägersprache für die Nahrungsaufnahme bei einem Greifvogel, der Nahrung im Kropf speichern kann. Eulen haben keinen Kropf, deswegen sollte bei ihnen der Begriff nicht verwendet werden.

Laufspur
Anreihung der einzelnen Fußabdrücke eines Tiers. In der Jägersprache Geläuf.

Losung
Jägerbegriff für den Kot des Hochwildes. Wird auch für den Kot der Raufußhühner verwendet. Damit hat das Verlosen zu tun, das Suchen oder Verfolgen eines Tieres anhand des hinterlassenen Kots.

Ringeln
Anlegen von meist horizontal nebeneinander angeordneten Löchern in der Borke von Bäumen durch Spechte. Das Ringeln ist von Mittel-, Bunt- und Dreizehenspecht bekannt. Es scheint dem Gewinnen von Baumsaft und anfliegenden Insekten zu dienen.

Riss
Wenn ein Fuchs oder ein anderer räuberischer Säuger einen Vogel erbeutet, befreit er die Beute ebenso wie ein Greifvogel von den Federn, bevor er das Übrige verzehrt. Die Federn werden nicht ausgerupft, sondern abgebissen, sind also an der Basis, der Spule, unvollständig und weisen eine grobe Bissstelle auf. Man nennt einen solchen Fund mit abgebissenen Federn in der Jägersprache einen Riss. Manchmal wird eine Rupfung, bei der noch zusammenhängende Reste vorhanden sind, sekundär von einem Raubsäuger zerbissen und in einen Riss verwandelt.

Rupfung
Wenn ein Sperber oder ein anderer Greifvogel einen Vogel erbeutet, rupft er ihm die Federn aus, bevor er ihn verzehrt. Den zurückbleibenden Federhaufen nennt man eine Rupfung. Wird der Greifvogel beim Rupfen nicht gestört, arbeitet er oftmals sehr sorgfältig und hinterlässt sämtliche größeren und auch viele kleine Federn seiner Beute. Ein Wanderfalke macht sich nicht die Mühe, die Flügelfedern alle auszurupfen und lässt häufig das ganze Flügelskelett seiner Beute mit allen oder vielen Schwingen zurück, manchmal auch noch das Becken und die Beine im Zusammenhang. Auch der Habicht rupft die Beute nicht immer komplett, besonders wenn es sich um einen größeren Vogel handelt.

Rupfung einer Ringeltaube auf einem Waldweg

Schmiede
Als Schmiede bezeichnet man ein Widerlager, in dem hartschalige Früchte, Koniferenzapfen oder anderes Material zur Bearbeitung mit dem Schnabel eingeklemmt werden oder worauf sie aufgelegt werden. Im typischen Fall werden solche Widerlager wiederholt verwendet. Sie sind vor allem für den Buntspecht (s. Spechtschmiede), den Kleiber, den Kranich und die Singdrossel (s. Drosselschmiede) bekannt.

Schränkung (einer Laufspur)
Abweichung der Fußabdrücke in der Laufspur eines Vogels. Meist sind die einzelnen Fußabdrücke nach innen gedreht, so als ob ein Mensch „über die große Zehe" geht. Das ist besonders für die Laufspuren von Entenverwandten typisch. Beim Graureiher z.B. gibt es keine Schränkung, die Fußspuren stehen auf Linie.

Shell-dropping
Mit diesem englischsprachigen Begriff ist das Abwerfen von hartschaligen Objekten wie Muscheln und Nüssen aus der Luft auf einen festen Untergrund gemeint, so dass die Objekte dabei zerschellen und ihren Inhalt freigeben. Diese Verhaltensweise ist vor allem von Möwen und Rabenvögeln bekannt. Sie wird nicht als Werkzeuggebrauch aufgefasst, steht ihm aber nahe.

Sand-, Staubbad s. Huderpfanne.

Spechtschmiede
Eine Spalte oder ein Astloch in der Borke eines Baums, in das ein Buntspecht ein zu bearbeitendes Objekt einklemmt. Es kann sich um einen Fichten- oder Kiefernzapfen oder um eine Nuss oder eine andere Frucht handeln. Geeignete Spalten können vom Specht auch selbst hergestellt werden. Analog kann man beim Kleiber von einer Kleiberschmiede sprechen. Generell kann man bei Spechten Nischenschmieden, Lochschmieden und Klemmschmieden unterscheiden.

Speiballen s. Gewölle

Spuren s. Fußspuren

Trampelwanne
Von Gänsen, Enten oder Möwen durch Treten auf der Stelle im flachen Wasser (meist im Watt) erzeugte wannenartige Vertiefung im Boden. Während des Tretens mit den Füßen nehmen die Vögel aufgespülte Nahrung durch Picken oder Seihen auf.

Trittsiegel
Begriff der Jägersprache für die Fußspur eines Huftiers, manchmal auch für den Fußabdruck eines Hühnervogels.

Werkzeug
Beweglicher Gegenstand, der meist zur Verbesserung des Nahrungserwerbs verwendet wird. Die Verwendung eines solchen Objekts wird als Werkzeuggebrauch bezeichnet. Werkzeuge können auch wiederverwendet werden. Als noch höhere Verhaltensleistung wird die Werkzeugherstellung bewertet. Früher wurden derartige Leistungen als typisch für den Menschen aufgefasst. Eine Specht- oder Drosselschmiede ist in diesem Sinn kein echtes Werkzeug, weil sie keinen beweglichen Gegenstand darstellt.

Botanische Begriffe

Wer sich mit der Vogelwelt und ihrer Beziehung zum Lebensraum, insbesondere mit der Ernährung der Vögel befasst, kommt um bestimmte Grundbegriffe der Botanik nicht herum. Das hat damit zu tun, dass viele Vögel Vegetarier sind, das heißt, sich von Pflanzenteilen wie Früchten, Samen, Knospen, Sprossen oder Blüten und Blättern ernähren, teilweise auch nur von bestimmten Teilen von Pflanzenorganen. Aber auch um die Beziehungen von Spechten und anderen baumbewohnenden Vögeln zu den Bäumen zu verstehen, bedarf es botanischer Grundbegriffe.

Borke
Lebloses Abschlussgewebe, das als äußerste Schutzschicht des Baumes abgeschieden wird. Da es nicht mehr wachsen kann, blättert es beim Wachstum des Baumes ab oder bildet Risse und Spalten.

Rinde
Lebendes äußeres Achsengewebe eines Baumes, das vor allem Assimilate wie Zucker leitet und für das Wachstum zuständig ist. Es schützt sich nach außen durch die Borke.

Same
Als Same wird der in einer Frucht vorhandene Keim oder Embryo einer Höheren Pflanze mit seinen Reservestoffen und Hüllen bezeichnet. Bei den nacktsamigen Pflanzen, zu denen die Nadelbäume gehören, stehen die Samen frei an oder auf den Fruchtblättern und werden nicht von einem Fruchtblatt umschlossen.

Frucht
Aus dem Fruchtknoten einer Blüte bildet sich die Frucht. In ihr sind der oder die Samen enthalten, worin die Embryonen der Pflanzen liegen. Früchte können fleischig sein wie eine Kirsche oder trocken wie manche Hülsenfrucht. Bei der Scheinfrucht (Apfel) ist die eigentliche Frucht von Achsengewebe der Blüte eingehüllt.

Zapfen
Verholzte Frucht eines Nadelbaums, bestehend aus einer Achse und daran ansitzenden harten Schuppen, die jeweils zwei Samen auf der Oberseite tragen. Diese Samen können geflügelt sein. Da sie nicht in ein Fruchtblatt eingeschlossen sind, sondern frei auf den Schuppen liegen, werden die Nadelbäume als Nacktsamer bezeichnet.

Diese Fichtenzapfen wurden von einem Eichhörnchen bearbeitet.

Holz
Stabiles inneres Leitgewebe eines Baumes zum Transport von Wasser und Mineralien.

Kernholz
Innerer älterer Teil des Holzkörpers eines Baums. Er transportiert nichts mehr, ist aber stabiler als das Splintholz.

Splintholz
Äußere Holzschichten eines Baumstamms mit lebenden Zellen und leistungsfähiger Leitfunktion.

Literaturverzeichnis

Allgemeines

Barthel, P. H. & A. J. Helbig (2005): Artenliste der Vögel Deutschlands. Limicola 19: 89-111.

Blase, R. (2010a): Die Jägerprüfung. 30. Aufl., Quelle & Meyer, Wiebelsheim

Blase, R. (2010b): Kleines Wörterbuch der Jägersprache. Quelle & Meyer, Wiebelsheim.

Bauer, H.-G., E. Bezzel & W. Fiedler (Hrsg., 2005): Das Kompendium der Vögel Mitteleuropas. Alles über Biologie, Gefährdung und Schutz. Aula, Wiebelsheim, 2. Aufl.

Birmelin, I. (2012): Von wegen Spatzenhirn – die erstaunlichen Fähigkeiten der Vögel. Franckh-Kosmos, Stuttgart.

Länderarbeitsgemeinschaft der Vogelschutzwarten (LAG VSW) (2014): Abstandsempfehlungen für Windenergieanlagen zu bedeutsamen Vogellebensräumen sowie Brutplätzen ausgewählter Vogelarten (Stand April 2015). Ber. Vogelschutz 51: 15-42.

Mayr, G. & H.-H. Bergmann (2014): Aves, Vögel. In: Westheide, W. & G. Rieger (Hrsg.): Spezielle Zoologie. Spektrum, Heidelberg, 3. Aufl.

Glutz von Blotzheim, U. N. & K. M. Bauer (Hrsg., 1966-1997): Handbuch der Vögel Mitteleuropas. Akademische Verlagsgesellschaft, Wiesbaden.

Svensson, L., K. Mullarney & D. Zetterström (2011): Der Kosmos Vogelführer. Franckh-Kosmos, Stuttgart, 2. Aufl.

Spuren und Hinterlassenschaften

Baker, N. (2014): Fährten lesen und Spuren suchen – das Handbuch. Haupt-Verlag, Bern.

Bang, P. & P. Dahlström (2009): Tierspuren – Fährten, Fraßspuren, Losungen, Gewölle und andere. BLV, München, 3. Aufl., Neuausgabe.

Bergmann, H.-H., S. Klaus , F. Müller, W. Scherzinger, J. E. Swenson & J. Wiesner (1996): Die Haselhühner. Westarp Wissenschaften, Magdeburg.

Brown, R., J. Ferguson, M. Lawrence & D. Lees (2005): Federn, Spuren und Zeichen der Vögel Europas. 4. Aufl., Aula, Wiesbaden.

Eichholz, G., K. Hinrichs & H.-H. Bergmann (1988): Vogelspuren – Erkennen, Bestimmen, Konservieren. Ornithologen Kalender ’89: 193-203, Aula, Wiesbaden.

Eichholz, G. & K. Hinrichs (1988): Spurensicherung im Watt. Unterricht Biologie H. 136: 25-32.

Klaus, S., A. V. Andreev, H.-H. Bergmann, F. Müller, J. Porkert & J. Wiesner (1986 und 1989): Die Auerhühner *Tetro urogallus* und *T. urogalloides*. Ziemsen, Wittenberg-Lutherstadt.

Klaus, S., H.-H. Bergmann, C. Marti, F. Müller, O.A. Vitovich & J. Wiesner (1990): Die Birkhühner *Tetrao tetrix* und *T. mlokosiewiczi*. Ziemsen, Wittenberg-Lutherstadt.

Lang, A. (2010): Spuren und Fährten unserer Tiere. 9. Aufl. BLV, München.

Müller, F. (1980-1992): Wildbiologische Informationen für den Jäger. Jagd und Hege-Ausbildungsbuch Bd. 3, 5, 7, 8, 9, 10, Enke Verlag, Stuttgart; Jagdbuch Verlag, Balzers; Jagd & Hege Verlag, St. Gallen.

Ohnesorge, G. & B. Scheiba (2007): Tierspuren und Fährten in Feld und Wald. Bassermann, München.

Richarz, K. & A. Limbrunner (2009): Welche Tierspur ist das? Franckh-Kosmos, Stuttgart.

Wimmer, N. & V. Zahner (2010): Spechte – Leben in der Vertikalen. Braun, Karlsruhe.

Vogelfedern

Bergmann, H.-H. (2010): Vogelfedern an Nord- und Ostsee – Finden und Bestimmen. Quelle & Meyer, Wiebelsheim.

Bergmann, H.-H. (2012): Vogelfedern an Fluss und See – Finden und Bestimmen. Quelle & Meyer, Wiebelsheim.

Bergmann, H.-H. (2015): Die Federn der Vögel Mitteleuropas. Aula, Wiebelsheim.

Bezzel, E. (2010): Vogelfedern – Federn heimischer Arten bestimmen. BLV Verlag, München, 3. Aufl.

Brown, R., J. Ferguson, M. Lawrence & D. Lees (2005): Federn, Spuren und Zeichen der Vögel Europas. 4. Aufl., Aula, Wiesbaden.

Busching, W.-D. (1997): Handbuch der Gefiederkunde europäischer Vögel. Bd. 1, Aula, Wiesbaden.

Cieslak, M. & B. Dul (2006): Feathers – identification for bird conservation. Natura Publishing House, Warschau.

Hansen, W. & J. Synnatzschke (2015): Die Steuerfedern der Vögel Mitteleuropas. 2. Aufl. Federführer Publishers, Charleston SC.

März, R. (1987): Gewöll- und Rupfungskunde. 3. Aufl., bearb. v. K. Banz. Akademie-Verlag, Berlin. Unveränderter Nachdruck, Aula, Wiebelsheim 2007.

Sonstiges

Frisch, K. von (1974): Tiere als Baumeister. Ullstein, Frankfurt/M.

Harrison, C. & P. Castell (2004): Jungvögel, Eier und Nester der Vögel Europas, Nordafrikas und des Mittleren Ostens. 2. Aufl., Aula, Wiebelsheim.

Holzwarth, W. & W. Erlbruch (2004): Vom kleinen Maulwurf, der wissen wollte, wer ihm auf den Kopf gemacht hat. Peter Hammer Verlag, 30. Aufl.

Jenrich, J., P.W. Löhr & F. Müller (2010): Kleinsäuger – Körper- und Schädelmerkmale, Ökologie. Beitr. Naturkd. Osthessen Suppl. 1 und 2. Imhof, Petersberg.

Mebs, T. & W. Scherzinger (2008): Die Eulen Europas – Biologie, Kennzeichen, Bestände. 2. Aufl., Franckh-Kosmos, Stuttgart.

Mebs, T. & D. Schmidt (2006): Die Greifvögel Europas, Nordafrikas und Vorderasiens. Franckh-Kosmos, Stuttgart.

Stock, M., H.-H. Bergmann & H. Zucchi (2014): Watt – Lebensraum zwischen Land und Meer. Boyens, Heide. 4. Aufl.

Dank

Besonderen Dank schulden wir unserem Freund und Kollegen Franz Müller, der uns seine über Jahre hin angefertigten Zeichnungen von Vogelspuren, Gewöllen und anderen Hinterlassenschaften der Vögel sowie eine Sammlung von Abdrücken von Vogelfüßen zur Verfügung gestellt hat. Die Schweizer Kollegen Simon Birrer, Marcel Burkhardt, Christian Marti und Niklaus Zbinden haben eine umfangreiche Sammlung von Speiballen verschiedener Vogelarten eigens für unser Buch bereitgestellt und fotografiert. Ariane Bernard-Laurent und ihre Kollegen haben Fotos des Steinhuhns übermittelt. Der norwegische Kollege Ingvar Stenberg hat sein Archiv an Fotos von Spuren des Weißrückenspechts für uns geöffnet. Christiane Geidel hat uns ihr umfassendes Bildarchiv von Hinterlassenschaften von Eulen und Greifvögeln zugänglich gemacht. Auch Hans-Joachim Fünfstück hat uns aus seinem Bildervorrat reichlich versorgt. Thomas Brandt, Herbert Grimm, Peter Hauff, Torsten Langemach, Wolfgang Scherzinger, Christoph Unger, Hans-Jürgen Volkmann, Jochen Wiesner und Norbert Wimmer haben Fotos bzw. Material zur Verfügung gestellt sowie wertvolle Hinweise gegeben. Viele weitere Freunde und Kollegen haben uns mit Bildersendungen unterstützt. Sie werden im Bildquellennachweis (S. 282) aufgeführt. Mit der Vermittlung weiterer Bildvorlagen haben uns Roland Graf, Peter Hauff, Dietrich von Knorre, Torsten Langgemach, Franz Robiller, Klaus Robin, Jorund Rolstad und Volker Zahner unterstützt.

Für die Idee zu diesem Buch, für viele Anregungen und stets förderndes Interesse danken wir dem Verleger, Herrn Gerhard Stahl. Georg Grothe vom Aula-Verlag hat das Buchprojekt als Redakteur mit Sorgfalt und Verständnis bearbeitet.

Allen Genannten sei herzlich gedankt.

Bildquellennachweis

l = links, r = rechts, m = Mitte, o = oben, u = unten, 2. v.o. = 2. von oben, 2. v.u. = 2. von unten. Motive, die sich in den Kapiteln Lebensräume, Fußspuren und Horste wiederholen, sind mehrfach angegeben.

Alle Abdrücke der Fußspuren wurden von **Dr. Franz Müller** hergestellt und von H.-H. Bergmann fotografiert.

August, U.: 136 ru
Bark, D.: 79l, 93, 130
Belleau, E.: 49ol, 236ur
Bergmann, H.-H.: 8, 13o, 13ml, 13u, 14, 15, 16, 18, 19, 23, 24r, 26, 27, 28, 29ul, 29ur, 30, 33, 34, 35, 36, 37, 38, 39o, 40, 41, 42, 43, 44ol, 45, 51, 52, 53, 59ml, 59ur, 60ol, , 68 2. v.o. r, 73, 75, 76l, 77ol, 77m, 77u, 79r, 81l, 82ol, 83o, 84, 85, 86or, 88o, 89ol, 91u, 92ol, 94o, 97ol, 100o, 100u, 101or, 101ul, 102o, 102u, 103l, 104ol, 104m, 107ol, 107om, 109ur, 110mr, 110u, 111o, 111ur, 112, 117, 118, 119, 120, 121, 122, 123o, 123ul, 124or, 124ul, 125u, 126o, 126ul, 127, 129, 131ol, 131u, 137, 138or, 138u, 139ol, 141ml, 141ol, 142l, 143o, 143ur, 144or, 144u, 145, 148or, 149ol, 149u, 150or, 150u, 151o, 151ur, 152r, 153ml, 153ur, 154or, 154m, 155, 158l, 159or, 161or, 161m, 162ur, 165o, 165ur, 166or, 167o, 167u, 168ol, 169ol, 169ul, 172ur, 173or, 177, 178ol, 180, 181o, 181ur, 182o, 184or, 184ml, 184ur, 185ul, 186ol, 187o, 187m, 187ul, 188, 189, 190, 191, 192, 194o, 195, 196, 197, 198, 199o, 200u, 201ol, 202or, 204ul, 205ur, 207, 208, 209m, 209ur, 210o, 210ul, 211or, 211m, 212o, 212ur, 213, 214, 216, 217, 218, 219o, 219m, 220u, 221, 222or, 222u, 223or, 223u, 224r, 225, 226or, 226u, 227, 228, 229, 230, 232u, 234u, 235ol, 235mr, 235ur, 236ul, 237or, 237ml, 237ur, 238ul, 239o, 239mr, 239ul, 240u, 241o, 241ml, 243o, 243ur, 244ol, 245or, 245mr, 245ul, 246o, 249ml, 249u, 254or, 256ur, 257ur, 258ol, 259u, 260ol, 260ml, 262or, 262ml, 262u, 263ol, 263ur, 264or, 264m, 264u, 268o, 269u, 270o, 273, 274, 277
Bernard-Laurent, A.: 50or, 249ol
Block, B.: 108, 109o, 109ul, 257o
Blödorn, G.: 98ol
Burckhardt, M.: 80mr, 101ur, 104ur, 104 2.v.u. r, 131or, 134ur, 147u, 149mr, 178or, 184ur, 185ur, 186ur
Cauvet, D.: 49or
Christner, A.: 146l, 159mr
Engländer, W.: 88u, 154ol, 171, 172o, 239ml
Freitag, J.: 147o
Friedrich, B.: 271
Fritzlar, F.: 139or
Friz, H.: 98ul
Fünfstück, H.-J.: 60or, 77or, 80u, 81r, 88m, 89or, 89ul, 89m, 89ur, 90o, 90ml, 90u, 91or, 124ur, 162ol, 164ul, 165ul, 202ur, 210ur,

232mr, 237ol, 237mr, 254ml
Gäth, P.: 95ol
Geidel, C.: 87o, 92or, 92m, 92ul, 94m, 95or, 96o, 96m, 100m, 140, 141or, 141mr, 141ur, 238ur, 242ur
Gelpke, C.: 87ur, 92ur, 97or, 193u, 266u, 267o, 268u, 270u
Geotte, H. R.: 32, 97u, 99o, 101ol
Grimm, H.: 116or, 116m, 116u, 148u, 179ol, 179m, 179ur, 232ul
Hauff, P.: 98or, 241ur
Heinze, G. M.: 44m, 91ol, 125u, 179u, 211u, 220or, 241mr
Hinrichs, K.: 39u
Hochebner, T.: 173ul
Kakzmar, M.: 86u
Katzenberger H.: 104or, 110ml, 116ol, 133o, 162ul, 215r
Klaus, C.: 199u
Klaus, S.: 9, 11, 12, 13ml, 24l, 29o, 44u, 46, 47, 49mr, 49u, 56, 58, 59or, 59ul, 60u, 61ol, 61ur, 63, 65, 67, 68o, 68 2.v.o. l, 68 2.v.u., 68u, 69, 70l, 70r, 71ul, 72or, 72mr, 72ul, 74, 76r, 80o, 82or, 83u, 87ul, 95u, 96u, 98mr, 98ur, 99u, 103r, 105, 106or, 107or, 110o, 111ul, 114, 115, 126ur, 132, 133u, 135, 136o, 136ul, 139u, 141ul, 142r, 148ol, 148m, 150ol, 152l, 153o, 153mr, 153ul, 154ur, 157l, 158r, 159ol, 159u, 160l, 161u, 162or, 163, 164o, 166ol, 166u, 168or, 168u, 168or, 170, 172ul, 173ol, 174or, 175ur, 176o, 175ul, 181ul, 182u, 183, 184ol, 184mr, 185o, 193o, 194u, 199u, 200o, 202ol, 202ul, 203lo, 204o, 204ur, 205o, 205ul, 206, 209o, 209ul, 212ul, 215l, 219u, 220ol, 222ol, 223ol, 224l, 226ol, 232o, 233ol, 234o, 234or, 235ml, 238o, 240o, 242o, 242ul, 250ol, 250u, 251ol, 251m, 251u, 255m, 255ul, 259o, 259m, 263ml, 264ol, 265, 266o, 269o, 271
Knoll, A.: 136ur
Knüver, H.: 94u, 267u
Korbach, N.: 186r
Lange, H.: 134o, 134mr
Laurent, J.-L.: 50ol
Limbrunner, A.: 214ol
Marti, C.: 60m, 71ml, 71ur, 72ol, 72ml, 250m, 252u, 253ol
Martin, R.: 203r
Naef-Daenzer, B.: 134ul
Nicolai, B.: 151ul, 167m
Nowald, G.: 106ol, 106m, 106u, 255ur
Pauli, H. R.: 71or, 252mr
Probst, V.: 138ol, 144ol
Robin, K. & R. Hediger: 86ol
Ryslavy, T.: 149or, 149ml
Serres, J.-P.: 49ml
Stefanie, A.: 72ur
Sternberg, I.: 71ol, 154ul, 173ur, 175o, 175m, 175ul, 237ul, 251ml
Stock, M.: 123ur, 124or, 241ul
Tolkmitt, D.: 157r
Unger, C.: 54, 134ml, 146r, 161ol, 164ur, 176ur, 179or, 187ur, 201or, 201u, 221ol, 233ur, 235ul, 243ul
Volmer, D.: 102m
Wiesner, J.: 159ul, 160r
Wimmer, N.: 203lu, 243m
Ylikangas, J.: 61or, 174ol, 174u
Zbinden, N.: 90mr, 143ul
Zingel, D.: 104 ul

Register

A

Accipiter gentilis 91
Accipiter nisus 93
Aegithalos caudatus 200
Aegolius funereus 132
Alauda arvensis 194
Alcedo atthis 146
Alectoris graeca 48
Alopochen aegyptiaca 40
Alpendohle 181, 237
Alpenschneehuhn 58, 236
Amsel 15, 207, 239, 264
Anas penelope 43
Anas platyrhynchos 42
Anser anser 31
Apus apus 145
Aquila chrysaetos 89
Ardea cinerea 79
Asio flammeus 138
Asio otus 136
Athene noctua 133
Auerhahn 242
Auerhuhn 66, 252
Austernfischer 8, 13, 111, 240

B

Bartgeier 86, 237
Basstölpel 75
Bekassine 115
Bekassine 258
Bergente 247
Bergfink 218
Bienenfresser 235
Birkenzeisig 222
Birkhuhn 9, 69, 253
Blässhuhn 107, 233, 256
Blutspecht 171, 239
Bombycilla garrulus 201
Brandente 36, 241, 245
Brandgans 245
Branta bernicla 35
Branta leucopsis 33
Bubo bubo 139
Buchfink 217
Buntspecht 166, 243
Buteo buteo 100

C

Calidris alba 117
Caprimulgus europaeus 144
Carduelis carduelis 221
Carduelis chloris 223
Carduelis flammea 222
Carduelis spinus 222
Ciconia alba 81
Ciconia nigra 81
Cinclus cinclus 206
Coccothraustes coccothraustes 224
Coloeus monedula 186
Columba palumbus 126
Corvus corax 193
Corvus cornix 188
Corvus corone 188
Coturnix coturnix 47
Cygnus cygnus 29
Cygnus olor 28

D

Delichon urbica 197
Dendrocopos (Dryobates) minor 176
Dendrocopos leucotos 173
Dendrocopos major 166
Dendrocopos syriacus 171
Dohle 186, 262
Dreizehenspecht 9, 12, 163, 237
Dryocopus martius 160

E

Eichelhäher 185
Eiderente 45, 247

Eisente 247
Eisvogel 146, 233
Elster 181
Eremophila alpestris 195
Erlenzeisig 222

F

Falco peregrinus 103
Falco tinnunculus 101
Fasan 18, 50, 234, 249
Feldlerche 194, 235
Fichtenkreuzschnabel 225
Fischadler 83, 266
Flussseeschwalbe 261
Fringilla coelebs 217
Fringilla montifringilla 218
Fulica atra 107

G

Gallinago gallinago 115
Gallinula chloropus 108
Gänsegeier 88, 237
Gänsesäger 248
Garrulus glandarius 185
Gimpel 220
Glaucidium passerinum 135
Goldregenpfeifer 258
Graugans 31, 244
Graureiher 79, 233, 254, 270
Grauspecht 157
Großtrappe 108, 257
Grünfink 223
Grünspecht 157, 235
Grus grus 105
Gypaetus barbatus 86
Gyps fulvus 88

H

Habicht 91, 238, 267
Haematopus ostralegus 111
Haliaeetus albicilla 97
Haselhuhn 24, 61, 251
Haubenmeise 203, 243
Haubentaucher 73, 233, 253
Haussperling 215
Heidelerche 195
Hirundo rustica 196
Höckerschwan 28, 232, 244
Hohltaube 261

J

Jynx torquilla 157

K

Kernbeißer 224
Kiebitz 258
Kiebitzregenpfeifer 258
Kleiber 205
Kleinspecht 176
Kolkrabe 193, 270
Kolkrabe 263
Kormoran 76, 233, 254
Kranich 105, 256
Krickente 246

L

Lachmöwe 120, 260
Lagopus muta 58
Lanius collurio 178
Lanius excubitor 178
Larus argentatus 121
Larus ridibundus 120
Leiopicus medius 172
Löffelente 247
Lophophanes cristatus 203
Loxia curvirostra 225
Lullula arborea 195

M

Mantelmöwe 260
Mauersegler 145, 239
Mäusebussard 100, 269
Mehlschwalbe 197, 239
Mergus merganser 46

Merops apiaster 147
Milvus milvus 95
Misteldrossel 210, 243
Mittelsäger 248
Mittelspecht 172
Morus bassanus 75

N
Nebelkrähe 188
Neuntöter 178
Nilgans 40, 245
Nonnengans 241, 244
Nucifraga caryocatactes 182

O
Ohrenlerche 15, 195
Otis tarda 108

P
Pandion haliaetus 83
Parus major 202
Passer domesticus 215
Perdix perdix 53
Pernis apivorus 87
Pfeifente 43, 241, 246
Phalacrocorax carbo 76
Pica pica 181
Picoides tridactylus 163
Picus viridis 157
Plectrophenax (Calcarius) nivalis 228
Podiceps cristatus 73
Podiceps grisegena 73
Poecile montana 204
Poecile palustris 204
Prachttaucher 253
Pyrrhocorax graculus 181
Pyrrhula pyrrhula 220

R
Rabenkrähe 239, 263
Rallus rallus 108
Raubwürger 235
Rauchschwalbe 196
Raufußkauz 132
Rebhuhn 53, 250
Recurvirostra avocetta 113
Reiherente 247
Ringelgans 35, 245
Ringeltaube 16, 261
Riparia riparia 199
Rohrdommel 256
Rotdrossel 215
Rothalstaucher 73
Rothalstaucher 253
Rotmilan 95, 268

S
Saatkrähe 263
Säbelschnäbler 113
Sanderling 14, 19, 117
Schellente 248
Schleiereule 131
Schnatterente 246
Schneeammer 228, 240
Schwanzmeise 200
Schwarzmilan 268
Schwarzspecht 160, 243
Schwarzstorch 255, 265
Scolopax rusticola 114
Seeadler 97, 241, 269
Seidenreiher 254
Seidenschwanz 201
Silbermöwe 121, 241, 260
Silberreiher 254
Singdrossel 213, 243
Singschwan 29
Sitta europaea 205
Somateria mollissimia 45
Spechte 150
Sperber 93, 234, 267
Sperlingskauz 135
Steinadler 89, 237
Steinhuhn 48, 236, 249
Steinkauz 133

Stieglitz 221
Stockente 42, 232, 246
Strix aluco 142
Sturmmöwe 260, 261
Sula bassana 75
Sumpfohreule 8, 138, 235

T
Tachybaptus ruficollis 73
Tadorna tadorna 36
Tannenhäher 182, 262
Teichhuhn 108, 256
Tetrao tetrix 69
Tetrao urogallus 66
Tetrastes bonasia 61
Trauerente 247
Tringa erythropus 116
Tringa glareola 116
Tringa ochropus 116
Turdus iliacus 215
Turdus merula 207
Turdus philomelos 213
Turdus pilaris 211
Turdus viscivorus 210
Türkentaube 261
Turmfalke 101, 239
Turteltaube 261
Tyto alba 131

U
Uferschwalbe 199
Uhu 139, 242, 271
Upupa epops 149

W
Wacholderdrossel 211
Wachtel 47, 248
Waldkauz 142
Waldohreule 136
Waldschnepfe 11, 114
Waldwasserläufer 233
Wanderfalke 103, 241
Wasseramsel 206
Wasserralle 256
Weidenmeise 204
Weißrückenspecht 173, 237
Weißstorch 81, 238, 255
Weißwangengans 33, 244
Wendehals 157
Wespenbussard 87, 266

Z
Ziegenmelker 144
Zwergsäger 248
Zwergschnepfe 259
Zwergtaucher 73, 253

Prof. Dr. Hans-Heiner Bergmann (Jahrgang 1939) war Hochschullehrer an den Universitäten von Marburg/L. und Osnabrück. Er hat sich Zeit seines Lebens mit der Biologie der Vögel befasst und zahlreiche Bücher, Tonträger und DVDs zu ihrem Verhalten veröffentlicht – meist gemeinsam mit anderen Autoren. Insbesondere interessiert er sich für Vogelstimmen und Vogelfedern.

Dr. rer. nat. Siegfried Klaus (Jahrgang 1942) arbeitete nach seinem Biologiestudium am Akademie-Institut für Mikrobiologie und experimentelle Therapie in Jena. 1991 wechselte er an die Landesanstalt für Umwelt Jena und leitete das Referat „Artenschutz, Vogelschutzwarte Seebach" bis zur Pensionierung 2007. Seit 1960 ist er ehrenamtlich im Naturschutz tätig, daneben führten ihn ornithologische Forschungen, vor allem an Raufußhühnern, Eulen und Spechten, immer wieder und bis heute ins Freiland, von Thüringen aus bis nach Kanada, Russland und China.